分析化学における
測定値の正しい取り扱い方

"測定値"を"分析値"にするために

Uemoto Michihisa
上本道久 著

日刊工業新聞社

まえがき

「はかる」という行為は我々の日々の生活に深く浸透している．製造業者はものを作ってその性質をはかり，行政においてははかった結果で政策他を決定する．市民は，はかってある数値を信用してものを買う，というように，はかる行為があって，それが正しいという前提で世の中が成り立っている．分析化学は，元素や化合物などの物質の有無やその存在量をはかるための方法を考える学問であり，分析技術は分析化学の学問的素養に基づいて展開される，はかるためのノウハウがつまった専門知識とそれを実践するテクニックである．

しかしながら，正しくはかるということは決してやさしいことではない．さらに，計測を取り巻く我が国の状況はあまり明るいものではない．まず計測は，モノづくり（製造）の裏方で支援技術と思われがちなことがある．つまり，どの組織においても計測技術分野は主役ではない場合が多い．そして，オーソドックスな分析化学教室が大学からも姿を消しつつあり，化学計測の基礎を学ぶ機会も少なくなっている．

また，測定値が分析値である思っている人が，諸専門家にも意外と多い．測定値とは実験者がはかった数値（例えば装置が出力した数値）である．それらに様々な検討を加えて，測定値の信頼性を考察し，測定における不確かさを見積もって有効数字を決定し，数値を丸めて整理し，最終的に提示するのが分析値である．測定値はまだ分析値ではない．測定値を分析値にするのは実験者（分析技術者）の仕事である．本書はそのために最低限知らねばならない幾つかのトピックスを提供している．

さらに，分析値は分析技術者のためだけのものではない．それを使って大きな決断を行う権能を有する者にとっても不可欠な情報である．本書は，概念を平易に解説することで，分析値を提示する側だけでなくそれらを使う人にとっても親しみやすい書となるよう心がけた．執筆に当たってはできるだけ数式を

まえがき

使わないこととし，本書が統計学から派生した書ではないことを印象づけるようにした．したがって測定値の分布関数やそれから導かれる検定などについての詳細は省略した．それらを解説した本はたくさんあることと，数式アレルギーの人がそれらを見て本書を閉じないようにすることがその理由である．

昨今の分析装置のめざましい進歩と普及に伴い，たとえ ppm（通称）やそれ以下の微量レベルであっても，分析値を提示することは比較的容易な作業となった．その反面，提示した分析値の意味を的確に把握することは以前よりはるかに難しくなってきている．分析値の信頼性に関する国際標準化の流れの中で整合性を保持しつつ，よりわかりやすい用語の構築や，不確かさについての事例研究などを進めていくことが研究者に要求されるが，一方で現場技術者は，その最新の成果を習得して，自身が提示する分析値の中身を検証していかねばならない．測定結果に見合った数値を正しく整理・提出してはじめて，定量分析操作は完結するのである．本書の目的は，そのことを分析化学・分析技術に関わる多くの人に理解してもらうことにある．

本書の上梓に当たり，著者を激励し，編集作業を辛抱強く進めて下さった日刊工業新聞社出版局書籍編集部の田中さゆり氏に深く感謝申し上げる．

2011 年 3 月

著者しるす

目　次

まえがき

第1章　「はかる」ということ

1.1　はかる，とは何か　　　2
1.2　なぜ正しくはからなければならないか　　　3
1.3　分析化学において正しく「はかる」ことの意義　　　4
1.4　分析値を信用するために　　　6
1.5　分析値の信頼性に関する具体的事例　　　9
　　事例　1　　　9
　　事例　2　　　10
1.6　おわりに　　　11

第2章　有効数字

2.1　はじめに　　　14
2.2　有効数字の桁数とその意味　　　14
2.3　数値の丸め方　　　18
2.4　無機分析における，分析方法による有効数字の具体例　　　21
2.5　演算に伴う有効数字の処理　　　22
2.6　有効数字の観点から見た分析値の報告例　　　24
2.7　おわりに　　　28

第3章　検出限界と定量下限

3.1　はじめに　　　32
3.2　用語の定義　　　33
3.3　検出限界　　　34
3.4　原子スペクトル分析法における検出限界の算出　　　41
3.5　定量下限　　　52
3.6　検出限界や定量下限付近の分析値をどのように表記するか　　　59

3.7　おわりに……………………………………………………………… 60

第4章　信頼性にかかわる用語

4.1　はじめに……………………………………………………………… 64
4.2　用語の出典…………………………………………………………… 64
4.3　信頼性にかかわる概念や評価方法の推移………………………… 65
4.4　化学計測領域における信頼性用語………………………………… 68
4.5　物理計測あるいは数理統計における信頼性にかかわる用語…… 71
4.6　電子工業における信頼性にかかわる用語………………………… 75
4.7　おわりに……………………………………………………………… 79

第5章　不確かさの概念と見積もりの考え方

5.1　はじめに……………………………………………………………… 84
5.2　不確かさの概念……………………………………………………… 84
5.3　不確かさの見積もりの基礎………………………………………… 88
　　5.3.1　タイプAの不確かさ………………………………………… 88
　　5.3.2　タイプBの不確かさ………………………………………… 89
　　5.3.3　各不確かさ要因におけるタイプAとタイプBの合成…… 90
5.4　不確かさを見積もる前にすべきこと……………………………… 91
5.5　検定と信頼区間……………………………………………………… 96
5.6　おわりに……………………………………………………………… 97

第6章　実際の定量分析における信頼性評価例

6.1　はじめに……………………………………………………………… 100
6.2　定量分析において取り扱う数値…………………………………… 100
　　6.2.1　試料のはかり秤料における数値…………………………… 101
　　6.2.2　酸による溶解における数値………………………………… 102
　　6.2.3　定容操作における数値……………………………………… 104
　　6.2.4　標準溶液の希釈調整における数値………………………… 105
　　6.2.5　ICP発光分光での測定における数値……………………… 105
　　6.2.6　データ整理における数値…………………………………… 105

- 6.3 分析手順に関する標準不確かさの見積もり例 ……………………… 106
  - 6.3.1 試料の秤料における不確かさの見積もり ………………… 106
  - 6.3.2 定容や希釈操作における不確かさの見積もり …………… 107
  - 6.3.3 市販標準液の不確かさの見積もり ………………………… 110
  - 6.3.4 ICP 発光分析法による測定における不確かさの見積もり …… 112

第7章　濃度について

- 7.1 はじめに …………………………………………………………………… 118
- 7.2 用語の定義 ………………………………………………………………… 118
- 7.3 濃度の単位 ………………………………………………………………… 119
  - 7.3.1 分率 ……………………………………………………………… 119
  - 7.3.2 物質量（モル）濃度 …………………………………………… 121
  - 7.3.3 質量モル濃度 …………………………………………………… 122
- 7.4 国内外の規格における濃度単位 ………………………………………… 123
- 7.5 濃度単位の換算 …………………………………………………………… 125
  - 7.5.1 質量分率から質量モル濃度へ ………………………………… 125
  - 7.5.2 質量分率から物質量濃度へ …………………………………… 127
  - 7.5.3 質量モル濃度から物質量濃度へ ……………………………… 128
- 7.6 濃度が関与した応用的計算事例 ………………………………………… 129

資　料 …………………………………………………………………………… 135

索　引 …………………………………………………………………………… 151

第1章 「はかる」ということ

　我々の生活は「はかる」ことなしには成り立たない．分析化学において正しくはかることを考えていくにあたって，まず，はかることの意義と必要性を再認識してみたい．

1.1 はかる，とは何か

　はかる，とは何をする行為であろうか．実は「はかる」と訓読みする漢字はかなり多い．ちなみに大型国語辞典の1つである大辞林[1]によれば，【計る・測る・量る】①物差し・枡・秤などを用いて，物の長さ・量・重さなどを調べる．測定する．計測する．②心の中で推定する．想像する．推し量る．【図る・謀る・諮る】①計画する．ある動作が実現するよう，計画を立てたり努力したりする．企てる．企図する．②他人をだます．普通受け身文で用いる．③ある問題について他人の意見を聞く．また，公の機関などで，ある問題について学識経験者による委員会の意見を「答申」として出してもらう．

　さらに「計る」；時間や程度を調べる．「測る」；長さ・深さなどを調べる．「量る」；重さや容積を調べる．推測する．「図る」；計画を立て実現を目指す．「謀る」；だます．「諮る」；他人の意見を問う．諮問する，の意，とある．

　これだけあると，同音異義語として複数の「はかる」を用いた短文が作れそうであるが，自然科学では，試料を用いてなにがしかの数値を実験的に得る行為がはかる（計る・測る・量る）ことであると考えてよかろう．漢字を当てはめると意味が限定される可能性があるので，ここでは「はかる」と平仮名を用いることにする．

　「試料（試験品）の○○をはかる」と言うときに，○○が元素や物質の濃度であれば化学分析を，機械特性であれば引張試験やねじれ試験などの材料強度試験を意味すると考えられる．また電気測定器や電磁波測定器を用いてそれらの特性を評価することも「はかる」ことの範ちゅうであろう．温度をはかるこ

ともある.

1.2 なぜ正しくはからなければならないか

　我々は情報の約8割を視覚から得ていると言われる．目で見える大きさや奥行き，質感などを総合的に判断し，他の知覚も総動員してものを認識するが，それでもただ定性的に認識していたのでは成り立たないことが世の中には多い．「象は大きい」と言ったときに，見たこともない人はどれくらい大きいのかわからない．「サイは大きい」「キリンも大きい」となると，どちらがどう大きいのかを説明するのに何らかの客観的な尺度が必要になる．また，数値としてはかることは日常生活，特に取引において欠かせない行為である．肉を100g買ったつもりが実際は80gであれば公正な売買とは言えず，詐欺だ，と騒ぎになるであろう．正しくはかること，またその基準（単位）を一般化すること（度量衡制度を作ること）は市民生活にはなくてはならないルールであるが，ある地方や特定の分野で使われてきた基準には，歴史的な経緯もあり一般化や標準化は容易ではない．例えばメートル法という国際単位系（SI）の起源になった規則を作るまでに，フランス国内ですら多大な労力を要したことが記されている[2]．

　我が国でも，古来，店舗の間口や耕作地の大きさによって租税額を定めていたが，租税制度自体が長さや面積の正しい計測ができないと成立しないことは言を待たない．我々は，時刻を確認するときも気温をチェックするときも，それらを当たり前の情報として，数値の信頼性を意識することなく受け取っているが，すべて正しくはかられていることを前提としている．つまるところ，正

しく「はかる」行為は，日常生活，市民生活において日々必要不可欠であると断言できる．もっとも「謀る」ことだけは不要であろうが．

1.3 分析化学において正しく「はかる」ことの意義

　分析化学においては，定性分析と定量分析という概念がある．定性分析（qualitative analysis）は，無機分析では何の元素が含まれているか，有機分析ではどういう化合物が存在しているか（有機では同定分析ともいう）を意味する．定量分析（quantitative analysis）は，それらがどの程度含まれているか，を数値で提示することを意味する．先ほど視覚による形状認識の例を挙げたが，目に見える像の認識と分析化学的計測との大きな違いは，後者は人間の感覚器で直接に認識できないことである．実験者は，化学反応に伴う視覚や嗅覚の変化から間接的に元素や化合物の存在を判断したり，分析機器が示す信号の強さからそれらの存在量を知ったりする．

　例えば，飲料水中に塩化物イオンが含まれているかどうかを調べようとしても，塩化物イオン（Cl^-）が目に見えるわけではない．よく使うのは，硝酸銀溶液を加えて溶液全体に塩化銀（AgCl）の白濁が生じるか否かを視覚的に判断する方法であり，視覚的に難しい場合は濁り具合を数値化する装置（比濁計）を使って濁り具合を調べる．しかしAgClには溶解度積という物性値があり，銀イオン（Ag^+）と塩化物イオン（Cl^-）の濃度の積が溶解度積以上でないと白濁を観測することはできない．すべての化学反応には臨界値があり，測定に先立ってまずその数値を理解しなければならない．

　では，後者の分析機器を使う場合はどうであろうか．水溶液中の微量塩化物

1.3 分析化学において正しく「はかる」ことの意義

イオンならイオンクロマトグラフィーか ICP 発光分析(最近の真空紫外域が測定できる機種であれば問題ない)が第一選択であろうが,いずれにおいても,装置が示すピーク信号の強度より定性分析を行うためには,ブランク試料を繰り返し測定し,3 章で解説する検出限界という数的指標を用いて判断しなければならない.あるかないかを定性的に判断するだけでも厳密に数値を用いなければならないのが,他の「はかる」行為との若干の違いとも言える.定量分析はもとより,あらゆる分析化学の測定において,数値を正しく取り扱うことが必要不可欠であるゆえんである.

分析値の信頼性が問題となった事例は,環境問題を中心として枚挙にいとまがない.最近では首都圏郊外での産廃物からのダイオキシンの発生事件[2]や施設移転候補地の土壌の汚染事件の例などがある.実試料の微量成分分析では,複数の分析者による分析値が異なるのみならず,それらの桁が異なることも珍しくないが,こうなると分析値の存在自体が災いとなってしまう.どの分析値が正しいかを判断することが難しい中で,分析値に基づいて行政上の重要な決

断を下さなければならないからである．レアメタルなどの高価な金属材料でも，純度の桁が1つ上がると単価は数倍に上昇することがある．血液検査の数値いかんで患者の治療方針が決まってしまう．分析値の信頼性が世の中に与える影響力はこのように大きい．

　測定値は，まずは繰返し測定を行って数値の再現性を確認する．数値が要求される信頼性（精度）を満足しない場合は，サンプリングから試料処理，機器による測定，分析値の算出まで，一連の分析操作の中で何がそうさせたのかを段階を踏んで究明していく．その上で，その分析値のかたよりの有無を確認するために，数値があらかじめ認証された標準試料によるチェックはもとより，別の分析法や試料処理法を用いてみる．数値の考察により妥当な分析操作であることを確認して，その後に信頼性の定量的表現である不確かさを見積もる作業に進む．

1.4

分析値を信用するために

　次に，分析値はどこまで信用できるのか，を考えてみる．逆説的には，分析値をどこまで信用できるように測定方法をデザインしたか，である．実測値には際限なく意味のある数値などというものは存在しない．分析値には必ず信頼し得る限界があることを理解して，その限界を把握することが，その限界までは信用できる，という根拠を示すことになる．

　測定には必ず目的がある．目的に合致した（目的を満たす）信頼性を有する測定手法のうちで，実験者が現在実施し得る最も便利な手法を用いればよい．ここで言う「便利な」とは，パフォーマンスというカタカナ語を用いて「コス

表1.1 国際単位系（SI）における基本単位[3]

基本量	SI 基本単位	
	名称	記号
長さ	メートル	m
質量	キログラム	kg
時間	秒	s
電流	アンペア	A
熱力学温度	ケルビン	K
物質量	モル	mol
光度	カンデラ	cd

トパフォーマンスまたはタイムパフォーマンスがよい」などと言い換えた方がわかりやすいかも知れない．

　表1.1に国際単位系を構成する7つの基本単位を示す．国際単位系（Système International d'Unités（仏），International System of Units（英），SI）とは，国際度量衡総会（CGPM）により採択され推奨されている一貫性のある単位系である．1775年のフランス国内のメートル法に端を発し，1875年に国際条約として制定されたメートル条約が，1960年に現行の国際単位系になった．

　これらの基本量は，測定器で測定できる明確な次元を持った量であり，単位記号とその単位で得られる数値との積で表される．また物理量という語は，あまり厳密に定義して用いられていないが，JIS Z 8103によれば，「物理学における一定の理論体系の元で次元が確定し，定められた単位の倍数として表すことが出来る量」とある．この定義を狭義に解釈すれば，上記の7種の基本量およびそれから誘導される量のみを指すとも言える．表1.2に，SI基本単位で表現できる組立（誘導）単位のうち，特別の名称を持たないものを一覧として

表 1.2 特別の名称を持たない一貫性のある SI 組立（誘導）単位[3]

組立量	SI 基本単位	
	名称	記号
面積	平方メートル	m^2
体積	立方メートル	m^3
速度	メートル毎秒	m/s
加速度	メートル毎秒毎秒	m/s^2
波数	毎メートル	m^{-1}
密度，質量濃度	キログラム毎立方メートル	kg/m^3
比体積	立方メートル毎キログラム	m^3/kg
電流密度	アンペア毎平方メートル	A/m^2
磁界強度	アンペア毎メートル	A/m
輝度	カンデラ毎平方メートル	cd/m^2
物質量濃度，量濃度，濃度	モル毎立方メートル	mol/m^3

示す．

　単位系の解説書では，表1.2の次は，特定の名称や記号を有する一貫性のある SI 組立（誘導）単位（力，ニュートン，N，$m\ kg\ s^{-2}$；圧力，パスカル，Pa，$m^{-1}\ kg\ s^{-2}$ など）が提示されるが，これ以上は文献[3]や各種解説書[4]を参照されたい．

　要するに，何をはかるにせよ，はかるという行為はこれらの量を計測することである．実験者は，今から測定する量は何で，その測定にはどの程度の信頼性があるか，を測定原理に基づいて具体的に考えることで，実際の測定の際の信頼性を向上させることができる．分析化学で必要な量は，主に質量，体積，物質量である．7章で詳しく述べるが，これらの単位を組み合わせて濃度の単位が定義される．質量や長さなどの基本単位や体積などの組立単位は，精確な

計測が期待できる．また量の直接測定は間接測定よりも精確である．測定対象物質の濃度を質量計測から求めるのか，検量線から換算するのか，によって測定値の信頼性が大きく異なるゆえんである．

1.5 分析値の信頼性に関する具体的事例

　正しくはかることを妨げている具体例として，分析値の信頼性に関する実際にあった話として描かれている事例を引用する（一部修正）[5]．読者の方はどのように感じられるであろうか．

事例1；

　天秤で10 gの製品材料を秤量して物性を測定している研究室がある．このラボではほとんどの実験者がぴったり10 gを秤量することにしていた．したがって10 gよりも少しでも多いと試料の一部を取り除き，少ないと試料をつけ足して，ちょうど10 gになるまで操作を続けて秤量を行っていた．したがって秤量に比較的時間が掛かり，秤量した材料の物性値もばらつくとのことであった．また，天秤の校正は100 gと300 gの基準分銅で行われており，秤量感度についてのチェックはなされていなかった．

事例1に対するコメント；

　この事例の場合，実験室の湿度によって，試料が潮解性の場合は吸湿が起こり，含水性試料などの場合は水分が失われる可能性がある．よくJISや実験手順書に「1.0 gを0.1 mgの桁まではかる」とあるのは，1.0000 g秤量しなさ

いという意味ではない．1.0423 g でも 0.9622 g でも，0.95≦x＜1.05 の範囲で 0.1 mg の桁まで秤量せよ，という意味である．電子天秤には昔の直示天秤のように，釣り合うまで重さの異なる分銅を順次除去していく手間がないので，秤量に要する時間は飛躍的に短縮された．しかし迅速な秤量が重要であることに変わりはない．

　また，電子天秤（電磁式が主流）では，温度や，静電気，磁気が変わっても，重力が変わっても測定値に影響するため，内蔵分銅（なければ外部分銅）によって頻繁に校正する必要がある．直示天秤は，校正は必要であるが測定環境による補正の必要はあまりなかった．また電子天秤の感度については校正直線（曲線？）の傾きを定期的に調べるべきである．直示天秤では 1 mg の分銅を直接試料と均衡させたし，もっと昔の化学天秤では，ライダーという補助分銅を使って，支点からの距離を変えて 10 mg 以下の任意の質量をはかった．いずれにしても，実際に最小秤量値の 10 倍程度の質量を有する分銅を使って測定していた．

事例 2 ；

　レアメタルの鉱石やスクラップを取り扱っている A 社では，レアメタルの含量を蛍光 X 線分析法で定量していた．分析担当の技術者は，NIST（米国立標準研究所）の認証標準物質を使って検量線を引き，例えば 67.22 ± 0.35 %（2σ）というような数値を報告していた．あるとき営業マンが，分析値を少数点以下 3 桁で出すよう要求してきた．0.005 %でも年間数千ドルの差をもたらすと知ったからである．技術者はその要求を拒否し，繰返し測定を 10 回以上行えば平均値を少数点以下 3 桁で提示できることを説明した．しかし営業マンは首を横に振り，そんな金と時間の掛かるやり方はダメだと主張した．彼は「ただ数値を少数点以下 3 桁にすればいいんだ！」と迫った．

　技術者はしぶしぶ要求を受け入れて，分析値を少数点以下 3 桁で提出するよ

うにした．しかし小数点以下3桁目は必ずゼロにした．

事例2に対するコメント；

　この事例はかなり身につまされる方もおられると思う．ここでの解決策は両者めでたしめでたしとなったであろうか？もちろんそうではない．数値の信頼性を正しく評価した技術者と，それを企業活動として理解できない営業マンとの溝をどうやって埋めるか，が問題である．正しくはかることは，実は分析技術者だけに必要な知識ではない．分析値を評価したり，分析値を使って活動したりする専門外の者にも最低限の知識は必要である．信頼性のある分析値を提示するためのコストを引き受けるべきだと主張しても，数値を見る方はどうせそこまでわからない，と嘲る者がいる．企業に限らず行政でも研究機関でも，計測技術は生産技術の支援領域で本流ではないと見なされるのが常である．分析技術者は，残念ではあるがその現実を認識せざるを得ない。その上で，理論武装して勇気を持って，正しい数値を提示するために敢然と戦いを挑んでいかなければならない．市民のために．

1.6　おわりに

　測定値とは実験者がはかる数値である．分析者，分析方法，試料（材料），装置すべてが測定値に影響を与える．それらに様々な検討を加えて，測定値の信頼性を考察し，測定における不確かさを見積もって有効数字を決定し，数値を丸めて整理し，最終的に提示するのが分析値である．測定値はまだ分析値ではない．測定値を分析値にするのは実験者（分析技術者）の仕事である．本書

はそのために必要な幾つかのトピックスを提供している．

　また，上述のように，分析値は分析技術者のためだけのものではない．それを使って大きな決断を行う者にとっても不可欠な情報である．数値は分析者の手許を離れると独り歩きする．本書の目的は，報告された分析値を使う人に，正しくはかるための考え方を知ってもらうことにもある．

参考文献

1) 松村明編：大辞林，第三版，三省堂 (2006).
2) 阪上孝，後藤武編著：＜はかる＞科学，中公新書，中央公論新社 (2007).
3) A. Thompson and B. N. Taylor：Guide for the Use of the International System of Units (SI), NIST Special Publication 811, 2008 Ed., National Institute of Standard and Technology, U. S. Department of Commerce (2008).
4) 海老原寛：最新知識 単位・定数小辞典，講談社サイエンティフィク (2005).
5) ASQ Chemical and Process Industries Division, Chemical Interest Committee：Trusting Measurement Results in the Chemical and Process Industries, ASQ (American Society of Quality) Quality Press (2001).

2章　有効数字

　分析値を提示するときに，何桁まで記載すべきか悩んだ方も多いであろう．分析値に限らず，そもそも数値とはどこまで意味があるのだろうか．数値の意味するところは何だろうか．本章では有効数字について考えてみる．

2.1 はじめに

　数学の教科書を見ると，円周率は 3.14159265…… と限りなく数字が続く．$\sqrt{2}$ も 1.41421356…… と無限に数字が続く．ちなみに，数学の授業でこれらの覚え方を教わった方も多いことと思う．例えば $\sqrt{2}$ は「一夜一夜に人見頃」，$\sqrt{3}$ は「人並みに奢れや」というように訳もわからず暗唱したものである．今は電卓が十二分に普及したのでこのような数字を知る必要はなくなったと言えるが，その反面数値を身近に感じることが希薄になってきた感もする．

　数学的なこのような無理数に限らず，2/3＝0.6666…… などの割り切れない有理数も，数学として取り扱う限りは数値の桁数をあまり気にすることはない．数学的に意味のある概念の数値化と考えてよいからである．

　一方，分析化学における有効数字（significant figures）とは，分析値として意味のある，数値を示すに有効な数字のことを言う．すなわち，概念ではなく実験的に数値を計測する場合は，何桁までも意味のある数字が存在するわけではない，という事実をまず意識する必要がある．

2.2 有効数字の桁数とその意味

　有効数字の桁数が違えば，その数値の意味するところは以下のように異なる

ものと考えなければならない．

「1」という数値　　　（有効数字1桁）：　　　$0.5 \leq x < 1.5$
「1.0」という数値　　（有効数字2桁）：　　　$0.95 \leq x < 1.05$
「1.00」という数値　　（有効数字3桁）：　　　$0.995 \leq x < 1.005$

　有効数字を意識して提示しないと，数値計測自体の意義がなくなってしまうことは留意すべきである．なお，数値が10以上あるいは1未満の場合は，有効数字の桁数を明確にするため，$1 \leq x < 10$ の数値のべき乗で書き表すことがある．例えば300とだけ書くと有効数字が何桁なのかはっきりしないので，有効数字1桁ならば3×10^2，同じく2桁ならば3.0×10^2と明示的に記載するのが望ましい．

　しかしこれらの有効数字の概念は，なかなか数値を実験的に計測する現場で理解されにくい．なぜだろうか．著者が考えるに，多くの実験者は，デジタル式計測器はアナログ式のそれより信頼性が高いと思い込んでいるふしがある．また，デジタルの計測値は表示の最終桁まで有効である，と盲目的に信じているのではなかろうか．

　例えば体温計を使うときに，小数点以下1桁まで表示するデジタル式であればほとんどの人は表示値のとおり，例えば36.2℃と答える．しかし水銀柱のアナログ式であれば，数値と桁数は人によって36℃，$35.x$℃，$36.y$℃とまちまちになる．これは一次元の目盛りの読み方の問題であって，デジタル式より信頼性が悪いわけではない（目盛りの読み方の概略は後述する）．むしろアナログ式の水銀体温計（**図2.1**左）は，皮膚体温と熱平衡時の温度を計測するので時間が掛かるが数値は安定している．

　それに対して，デジタル式サーミスタ体温計は（図2.1中），熱平衡での測定モードに加えて，センサー部の温度上昇の曲線から平衡温度を予測して，短時間で数値を出すモードを有しているが，明らかに後者は前者より測定値の信

2章　有効数字

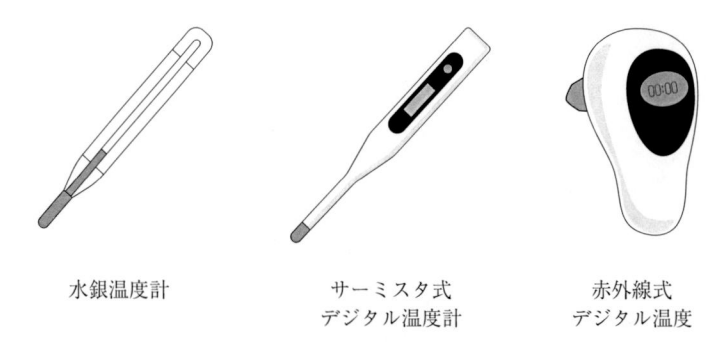

図2.1　アナログ・デジタル式の各種体温計（水銀温度計／サーミスタ式デジタル温度計／赤外線式デジタル温度）

頼性が劣る．また赤外線を用いて，耳穴などを利用して黒体放射の原理で温度を換算する機種（図2.1右）もあるが，数秒で計測できる利点はあるものの更に計測値の信頼性は悪くなる．計測器の表示方式ではなく，それらの原理に基づいて数値の信頼性を推し量ることが肝要と言える身近な例である．

　分析化学の領域でも同じことが言える．昨今の機器分析装置には必ずコンピューターが付いており，演算処理の自動化により分析結果が数値としてプリントアウトされる．その昔，機器に接続されたチャートレコーダーが描く信号曲線の長さを定規で測って定量を行った人は，それほど多くの桁数を読み取ることはなかった．しかし，コンピューターがプリントアウトする数値を見た人は，理不尽な桁数を有する数値（例えば $3.1415\,\mu\mathrm{g\ cm^{-3}}$ というような値）であってもそれをそのまま報告してしまうことが少なくない．またその逆もある．セミミクロ電子天秤で $0.2100\,\mathrm{g}$ と表示された試料の秤量値を，$0.21\,\mathrm{g}$ とノートに記載してはならない．このゼロは省略できない．$0.2100\,\mathrm{g}$ と $0.21\,\mathrm{g}$ では全く意味が異なるからである．

　ちなみにアナログ計測において，温度計でも定規でも計測器のメーターでも，等間隔に目盛りが刻んである読み取り器においては，最小目盛りの1/10まで

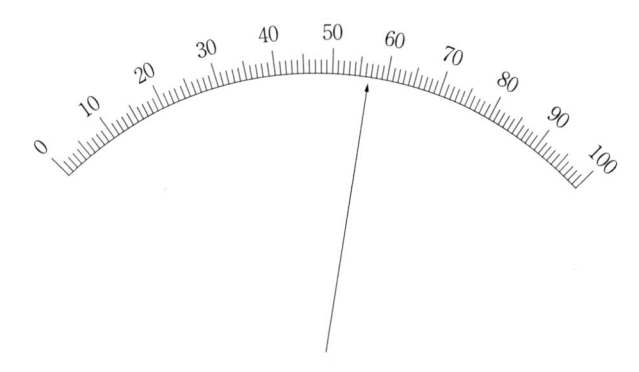

図2.2 測定器が示す値の一例（56.7と読み取る．57とは読まない）[1]

読み取ることになっている．図2.2の例（概念図）では読み取り値は57ではなく，56.7である[1]．これは以下のように考えてみるとよい．

まず，最小目盛り間の中央に仮想線を1本（頭の中で）引いてみる．液体の界面や指示針がそれよりどちら側にあるか，仮想線からの離れ具合はどうかを考えてみる．仮想線の近傍にあれば0.4あるいは0.6（最小目盛りを1とした場合）とし，仮想線と目盛りの中間にあれば0.3あるいは0.7とする．前記の中間部より目盛りに近ければ0.2あるいは0.8とする．0.5, 0.1, 0.9は比較的判断しやすい．このようにして，最小目盛りの1/10まで目測で読み取り，実測値として数値処理に用いる．

アナログ計測の場合は上述のように実験者の判断が効くが，デジタル計測ではそれが不可能である．分析装置は有効数字まで斟酌してくれることはないので一層の注意が必要である．いずれにしても分析者は測定値を処理して分析値として整理していく過程で，数値の信頼性を検討して適当な桁にする（「数値を丸める」と言う）作業を行わなければならない．その際に数値を丸める根拠としては，後述の不確かさの見積もりによることになる．本章では数値を丸める技法について解説する．

2.3 数値の丸め方

数値の丸め方は，JIS Z 8401（数値の丸め方）[2]に準拠するのが最も妥当であろう．Z 8401 規格は 1954 年に制定され，1961 年の改正後長く使用されてきた歴史のある規格であるが，1999 年に ISO 31-0 附属書 B（参考）[3]の翻訳版として全面改正された．その主意に変わりはないものの，具体的な改正点は以下のとおりである．
(1) "有効数字 n 桁目の 1 単位"を"丸めの幅（rounding interval の訳語）"という表現に改めた．
(2) 与えられた数値に最も近い（丸めの幅の）整数倍が 1 つしかない場合と 2 つある場合に分けた（丸め方自体は旧規格と変わらない）．
(3) あらゆるケースで四捨五入とする，電子計算機処理で広く使われている方法を参考として追加した．

要するに，丸め方は四捨五入が原則だが，丸める幅の 1 桁下が明確に 5 である場合，あるいは 5 であるがその根拠が明確でない（切り捨てたものか切り上げたものかわからない）場合は，次の 2 つの規則に従う．規則 A が旧規格と共通する内容である．なお，丸めは常に 1 段階で行い，何回も行ってはならない．

規則 A：丸めた数値として偶数倍の方を選ぶ（丸めの幅の桁が偶数の場合は切り捨てて，奇数の場合は切り上げて，最終桁を偶数とする）．

規則 B：丸めた数値として大きい整数倍の方を選ぶ（四捨五入の原則により切り上げる）．

2.3 数値の丸め方

四捨五入

```
1.0   1.1  1.2  1.3  1.4   1.5  1.6  1.7  1.8  1.9   2.0
          ↓                     ↓              ↗
          1                     2
```

Z8401 規則 A

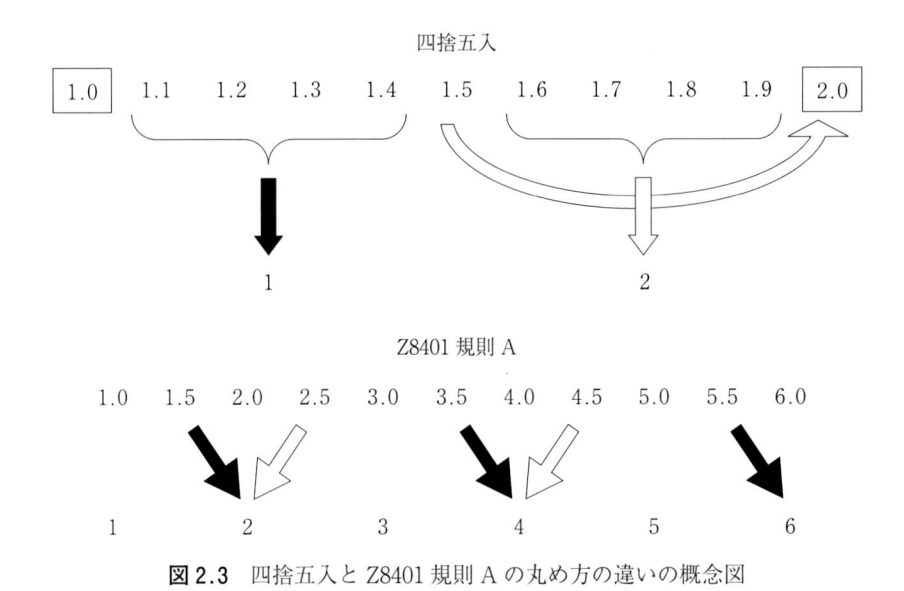

```
1.0  1.5  2.0  2.5  3.0  3.5  4.0  4.5  5.0  5.5  6.0
      ↓   ↓         ↓   ↓              ↓
1     2        3         4         5         6
```

図 2.3 四捨五入と Z8401 規則 A の丸め方の違いの概念図

　四捨五入処理では，ちょうど 5 のときには切り上げるので，丸めた数値は全体として高めにシフトすることが理解できる（**図 2.3** 参照）．規則 A に従って処理すると丸めた数値は偶数にかたよるという欠点があるが，数値群として高めにシフトするよりは好ましいという考え方である．ちなみに，偶数に偏ることをも排除するためには乱数を発生させて処理する，などの方法を考えなければならないが，あまり現実的ではないので採用されていない．

　また丸める際に，「有効数字〇桁」と「小数点以下×桁」とを混同してはならない．**表 2.1** に丸め方の概要を示す．旧規格における丸め方ガイド[4]についても**表 2.2** に示したが，こちらの方がわかりやすいという方も多いのではないだろうか．分析報告書は，特に記載がなければこの Z 8401 に準拠した数値の丸め方を行ったものと解釈されて当然である．

　なお，Z 8401 では対象となる数値として正の数値しか想定していない．負

2章　有効数字

表 2.1　JIS Z 8401 による数値の丸め方の例[2]

<整数倍が1つしかない場合>
例1　丸めの幅；0.1，丸めの幅の整数倍が作る系列；12.1, 12.2, 12.3, 12.4, ……

与えられた数値		丸めた数値
12.223	→	12.2
12.251	→	12.3
12.275	→	12.3

<整数倍が2つある場合>
例2　丸めの幅；10，すなわち 整数倍；1210, 1220, 1230, 1240, ……
（規則A）丸めた数値として偶数倍の方を選ぶ．

与えられた数値		丸めた数値
1225.0	→	1220
1235.0	→	1240

（規則B）丸めた数値として大きい整数倍の方を選ぶ．

与えられた数値		丸めた数値
1225.0	→	1230
1235.0	→	1240

表 2.2　旧規格の JIS Z 8401 における数値の丸め方の概要

$n+1$ 桁目以下の数値	n 桁目の数値	$n+1$ 桁目の数値の処理	有効数字2桁に丸める（例）
n 桁目の1単位の1/2未満の場合		切り捨てる	2.12 → 2.1 2.35 → 2.3 (2.345 の切り上げ)
n 桁目の1単位の1/2を越える場合		切り上げる	2.16 → 2.2 2.45 → 2.5 (2.453 の切り捨て)
・n 桁目の1単位の1/2であることが既知 ・切り捨て切り上げ不明	奇数 (1, 3, 5, 7, 9)	切り上げる	0.455 → 0.46
	偶数 (0, 2, 4, 6, 8)	切り捨てる	0.465 → 0.46

の数値を対象とする場合は，その絶対値を使用しなければならない．また，規則A，Bは，丸めた数値の選び方について何の考慮すべき基準もない場合に適用するが，安全性の要求や一定の制限を考慮するときは常に一方向へ丸める方がよいこともある．

2.4 無機分析における，分析方法による有効数字の具体例

　有効数字は不確かさの見積もりにより決定すべきではあるが，分析方法による大まかな，有効になり得る桁数を，無機分析に関して例示する．

　①重量分析（主に多量成分に用いる）による分析値の場合は，有効数字は3～4桁である．一例として，銀を塩化銀沈殿として秤量して定量する場合など．

　②容量分析（主に多量成分，少量成分に用いる）による分析値の場合は，有効数字は2～4桁である．一例として，アルカリ土類金属元素をキレート滴定にて定量する場合など．

　これら①と②の分析法は，基本次元量（質量，体積（長さの3乗），時間など）の測定に基づいており，また検量線を使わずに測定値からの四則算だけで定量できることから，有効数字の多い精確な計測が期待できる．ちなみに，これら2つの分析法に電量分析法，凝固点降下法，および同位体希釈分析法を加えた5つの手法は一次標準測定法（primary method）あるいは基準分析法（definitive method）[5]と呼ばれ，参照値の決定や標準物質の値付けなどに使われることがある．さらに，貴金属など高価な材料では，取引時に材料に添付される分析値はこれらの分析法による数値であることが多い．少し細かくなるが，これらは，未知の値を同じ量の標準の参照なしで測定する一次標準直接法

（primary direct method）と，未知の値を同じ量の標準との比率測定によって決定する，一次標準比率法（primary ratio method）に小別される[6]．この定義によれば同位体希釈（質量）分析法は後者に該当する．

③機器分析（主に少量成分，微量成分に用いる）による分析値の場合は，有効数字は濃度によって1～3桁（通常は1～2桁）である．一例として微量成分元素をICP発光分析にて定量する場合など．機器分析はほとんどすべてが相対分析である．したがって，測定対象元素の標準量と信号強度との関係線（検量線）を作成することで試料中の濃度を決定するが，その比例関係の程度が数値の信頼性を左右する．また，検出信号は光であれイオンであれ，最終的には電気信号に変換して増幅されるため，光であれば光電子増倍管や半導体検出器のような光電変換素子を用いるが，変換自体に高い定量性を付与し得るとは考えにくい．

以上の理由により，機器分析では，原理的に3桁程度以上の信頼性を測定結果に付与することはできないと考えた方が賢明である．

端的には，繰り返しになるが，分析法による有効数字を考慮するには，その分析方法の原理を知ることが第一であると言える．

2.5 演算に伴う有効数字の処理

次に，加減乗除算に伴う有効数字の扱いについて模式的に考えてみる[7]．このような模式化の是非についての議論はあろうが，平易な理解のために有効数字の観点から数値を以下のように記載してみる．"確かな数字○"と"（確からしいが）不確かな数字●"1個および位取りの0から構成した数値を

2.5 演算に伴う有効数字の処理

○○．●, 0.0○●

などのように表記する．この場合，前者の有効数字は3桁，後者は2桁ということになる．

(1) 有効数字4桁の数値と3桁の数値との積を求めてみる．

乗除に関しては○×○＝○, ○×●＝●, ●×●＝● と考えるのが妥当であるから，

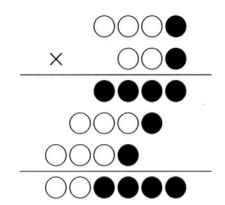

$$
\begin{array}{r}
\circ\circ\circ\bullet \\
\times\quad\circ\circ\bullet \\
\hline
\bullet\bullet\bullet\bullet \\
\circ\circ\circ\bullet\quad \\
\circ\circ\circ\bullet\quad\quad \\
\hline
\circ\circ\bullet\bullet\bullet \\
\end{array}
$$

したがって，計算値は確かな数値2個と不確かな数値1個の計3個から構成されるので，有効数字は3桁となる．除算の場合も同様である．要するに，有効数字の桁数の異なる2種の測定値を乗除する場合は，その答えの有効数字桁数は両者の小さい方に等しくなる．ただし，各段の掛け算の桁の繰り上がりの有無によっては小さい方の桁数から1桁増えたり減ったりする．

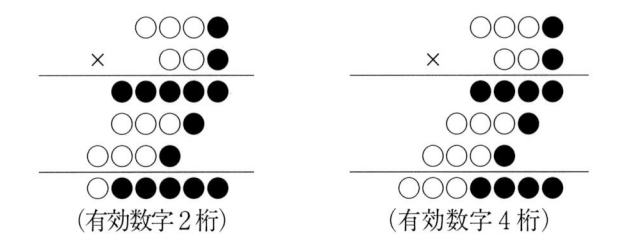

$$
\begin{array}{r}
\circ\circ\circ\bullet \\
\times\quad\circ\circ\bullet \\
\hline
\bullet\bullet\bullet\bullet\bullet \\
\circ\circ\circ\bullet\quad \\
\circ\circ\circ\bullet\quad\quad \\
\hline
\circ\bullet\bullet\bullet\bullet\bullet \\
\end{array}
\qquad
\begin{array}{r}
\circ\circ\circ\bullet \\
\times\quad\circ\circ\bullet \\
\hline
\bullet\bullet\bullet\bullet \\
\circ\circ\circ\bullet\quad \\
\circ\circ\circ\bullet\quad\quad \\
\hline
\circ\circ\circ\bullet\bullet\bullet\bullet \\
\end{array}
$$

（有効数字2桁）　　　　　　（有効数字4桁）

(2) 有効数字4桁の数値と3桁の数値との和を求めてみる．

加減に関しては数値の位をそろえて計算する．また加減でも乗除の場合と同様に，○＋○＝○，○＋●＝●，●＋●＝● と考えるのが妥当であるから，和の有効数字は元の有効数字の桁数とは必ずしも一致しない．

$$
\begin{array}{r}
○○○.● \\
+\quad ○○.○● \\
\hline
○○○.●● \\
\end{array}
$$
（有効数字4桁）

$$
\begin{array}{r}
○○● \\
+\quad ○○○.● \\
\hline
○○○●.● \\
\end{array}
$$
（有効数字4桁）

減算の場合も同様であるが，差により桁数が減って有効数字が小さくなる場合があるので留意する．

$$
\begin{array}{r}
○○○.● \\
-\quad ○○.○● \\
\hline
○○○.●● \\
\end{array}
$$
（有効数字4桁）

$$
\begin{array}{r}
○○● \\
-\quad ○○○.● \\
\hline
○●.● \\
\end{array}
$$
（有効数字2桁）

要するに，有効数字の桁数の異なる2種の測定値を加減する場合は，元の数値の不確かな位のうちの高い方の位までを取る．

2.6

有効数字の観点から見た分析値の報告例

表2.3に英国標準試料であるBCS（British Chemical Standards）No.177/2（鉛を主成分とするホワイトメタル合金）に添付されている認証書を示す．実際の標準試料のびんに同梱されていた書類である．

今から半世紀前の原子スペクトル分析もなかった時代（1958）の認証値であるが，主成分である鉛，アンチモン，スズの重量分析や滴定分析による分析値

2.6 有効数字の観点から見た分析値の報告例

表 2.3 英国標準試料 BCS No.177/2 の 1958 年の認証値

ANALYSES.

Analyst No.	Pb %	Sb %	Sn %	Cu %	Fe %	Bi %	As %	Zn %
1	84.43	10.49	5.06	0.005	0.003	0.003	<0.005	<0.005
2	84.45	10.50	5.05	0.004	0.002	0.002	0.005	0.005
3	84.42	10.40	5.17	0.004	0.002	0.003	<0.001	<0.005
4	84.52	10.44	5.04	0.007	0.004	0.002	<0.005	<0.005
5	84.44	10.45	5.1	0.01	<0.002	<0.001	0.001	0.001
6	84.50	10.30	5.16	0.008	0.006	0.004	0.007	<0.32 −
7	84.5 −	10.33	5.06	0.009	0.003	…	…	…
8	84.64	10.38	5.07	0.004	0.005	<0.001	0.001	<0.001
9	84.34	10.49	5.14	0.01 −	0.007	0.003	<0.01 −	<0.01 −
Aberage	**84.5 −**	**10.4 −**	**5.09**	0.007	0.004	0.002	<0.005	<0.01 −

単位：質量分率（%）
上記の数字は各分析者が注意深く確認した上で決定した値である．
平均値は太字の数値だけが認証されている．

に対して 3 桁の有効数字が認証値として付与されている（表の太字の数値）のに対し，比色分析などで行われた微量成分の分析値の有効数字は 1 桁でしかも認証されていない参考値となっていることに留意されたい．ちなみに，この認証値は 1977 年に改訂されて，主成分に加えて一部の微量成分元素（Cu, As, Bi, Ni）も認証値を持つに至っている[8]（**表 2.4** 参照）．細心の注意を払って有効数字が決定されていることがおわかりになると思う．

表2.4 英国標準試料 BCS No.177/2 の 1977 年の認証値

BCS-CRM No.	Description	Pb	Sb	Sn	Cu	As	Bi	Ni	Ag*
177/2	Lead Base White Metal	84.5	10.1	5.07	0.12	0.05	0.028	0.007	0.008

単位：質量分率（%）
＊認証値ではなく参考値として掲載．

表2.3の対極にある数値表記として，ある材料（鉛フリーはんだ）の共同分析で参加者より提出された ICP 発光分析法による分析報告書を**表2.5**に示す．2連（同じ試料を2回独立にサンプリングして分析）で行われているが，一見して各数値の有効数字が不合理に多いことがわかる．2連の平均値は，ばらつきによる有効数字を勘案しない単純な算術値で，少量成分（Ag, Bi, In）では有効数字が6, 7桁になっている．また微量成分の有効数字は少なくなって小数点以下の位の数を各元素で合わせようとしていることなど，数値の取り扱いそのものに重大な誤りが見られる．

数値処理過程のメモや実験ノートなどの内的なデータとして，有効数字を認識した上でのことならば黙認されるかもしれないが，他人に見せる数値となると容認できない問題である．また，電卓やスプレッドシート上に現れた数字をそのまま記載している報告書が散見されるのも残念である．割り切れない数値など，スプレッドシートのソフト上でセルの幅を大きくすると数字がいくつでも増えるのを経験した方は多いと思うが，あらかじめ表示桁数を指定しておくべきである．

2.6 有効数字の観点から見た分析値の報告例

表2.5 ある共同分析報告書（二連での測定）

測定対象元素	分析値*		
	1回目	2回目	平均
Sn	−	−	残
Ag	3.09309	3.07052	3.081805
Bi	0.49148	0.49461	0.493045
In	3.87424	3.94129	3.90777
Pb	0.009885	0.008319	0.009102
Sb	0.001293	0.001794	0.001544
Cu	0.000428	0.00039	0.000409
Zn	0.000000	0.000008	0.000004
Fe	0.000871	0.000817	0.000844
Al	0.000000	0.000000	0.000000
As	0.000219	0.000283	0.000251
Cd	0.000024	0.000022	0.000023
Au	0.000387	0.000344	0.000376
Ni	0.000182	0.000082	0.000132

＊単位；質量分率（％）

2.7 おわりに

　有効数字の処理を誤って分析結果報告書を提出すると，内容以前の問題として，分析値の信頼性について低い評価を受けることは疑いない．専門家の目を通せば，検討に値しない数値として再提出を要求されるか無視されるか，となり，サンプリングより報告書作成までのすべての労力が水泡と化す．有効数字の取り扱いにはくれぐれも留意されたい．

　以下は簡単な練習問題である．理解を確実なものとする一助といただければ幸いである．

　問 1) 1.23 を有効数字 2 けたに丸めなさい．

　問 2) 1.2344 を有効数字 3 けたに丸めなさい．

　問 3) 1.2344 を小数点以下 3 けたに丸めなさい．

　問 4) 1.2501 を有効数字 2 けたに丸めなさい．

　問 5) 1.2967 を有効数字 3 けたに丸めなさい．

　問 6) 1.2967 を小数点以下 3 けたに丸めなさい．

　問 7) 0.105 を有効数字 2 けたに丸めなさい．

　問 8) 0.115 を有効数字 2 けたに丸めなさい．

問9) 0.125 を有効数字2けたに丸めなさい．

問10) 2.35 という数字が2.347 を切り上げたものであることがわかっている場合に有効数字2けたに丸めなさい．

問11) 2.45 という数字が2.452 を切り下げたものであることがわかっている場合に有効数字2けたに丸めなさい．

問12) 15.295, 7.485 をそれぞれ有効数字4桁および3桁に丸めなさい．丸めた上で両者の積と和を計算し，それぞれ計算結果と有効数字の桁数を答えなさい．

参考文献

1) J. Kenkel：Analytical Chemistry for Technicians, Lewis Publishers, 1988.
2) JIS Z 8401：1999, 数値の丸め方．
3) ISO 31-0：1992, Quantities and units-Part 0：General principles, Annex B (Informative) (Guide to the rounding of numbers).
4) 久保田正明編：標準物質—分析・計測の信頼性確保のために—, p. 36, 化学工業日報社, 1998.
5) JIS K 0211：2005, 分析化学用語（基礎部門）．
6) JIS Q 0035：2008, 標準物質—認証のための一般的及び統計的な原則．
7) 小笠原正明，細川敏幸，米山輝子：化学分析における測定とデータ分析の基本, pp. 165, 東京化学同人, 2004.
8) Certified Reference Materials, Catalogue No. 782a, Bureau of Analysed Samples Ltd. (2010).

2章 有効数字

問の解答

問1) 1.2   問2) 1.23   問3) 1.234   問4) 1.3

問5) 1.30   問6) 1.297   問7) 0.10   問8) 0.12

問9) 0.12   問10) 2.3   問11) 2.5

問12) 15.30 および 7.48　積として 114，有効数字 3 桁，和として 22.78，有効数字 4 桁

3章　検出限界と定量下限

　分析を行う際に必ず確認しなければならない情報の1つが,「この手法でどこまで測れるのか?」すなわち検出限界値と定量下限値である.結局のところ,検出限界値と定量下限値は,何のためにどのような分析を行いたいのか,という分析者の意図に依存していると言った方がよい.目的に応じた適切な考え方に基づく数値を見積もることについて解説する.

3.1 はじめに

　ある分析手法を選択して測定を行った場合，被測定物質（測定対象元素）の存在量がわずかになればなるほど，本当に測れているのだろうか，と気になることが少なくない．検出せず，との分析結果を見ても，これは何を意味するのか，どのレベルまで検出しなかったのだろうか，もう1回やったら検出するのではないか，と勘ぐりたくもなる．

　一方，微量成分の分析は今日ではほぼすべてが機器分析に依存しているため，装置に附属のコンピューターが出力する数値やピークなどを鵜呑みにして，驚くべき（あり得ない）極微量の結果を報告することもよく見られる．これらは多くの場合，「その方法でどこまで測れるのか」を十分に検討しないで測定を行ったことに起因する問題と言える．

　本章では，検出限界および定量下限という，測定に本質的に付随すべき基本情報について，化学分析におけるその定義と考え方を説明する．これらの概念については様々な見解があり，意外と単純明快ではないことがわかっている[1]ものの，事情を知る人と知らない人の認識の差は驚くほど大きい．網羅的ではなく重要な点を強調して解説を行ってみたい．

3.2 用語の定義

　用語に関する重要な上位規格である JIS K 0211「分析化学用語（基礎部門）」[2] によれば，検出下限（検出限界）（limit of detection；LOD, detection limit）とは，検出できる最小量（値）のことであり，定量下限（limit of quantitation；LOQ, minimum limit of determination）とは，ある分析方法で分析種の定量が可能な最小量または最小濃度とされている*．

　すなわち，前者は化学反応や装置の電気信号として検出し得る最低量であり，後者は最終的に分析値として定量し得る最低量をそれぞれ示している．後者は前者よりはるかに大きな数値であることは言うまでもないが，さらに後者は定量し得る数値についての信頼性（通常はばらつきの程度）とともに示すことが不可欠である．定量し得る下限値とその数値の信頼性とは相関がある（通常は下限値に近づくと信頼性が低下する）ため，信頼性の指標を明示しないで定量下限を示すことはあまり意味がない．同一の試料を同じ分析法で測定しても，例えば，繰り返し性が RSD（相対標準偏差）として 20 % のときは定量下限値

＊検出限界や定量下限の英語表記は統一されておらず，上位規格とみなしてよい．用語の JIS K 0211 でも複数の語が併記されていて悩ましい．本稿では，K 0211 において略号とともに記載されている，limit of detection（LOD）および limit of quantitation（LOQ）を優先的に使用することにしたが，これらの用語の推移を解説するために，他の JIS や文献から引用した個所については，あえて原文表記のまま記述することとした．

として5 μg cm^{-3}であるが,RSDが5%のときは15 μg cm^{-3}である,などと評価することが常であるからである.

　詳細は後述するが,前者がより低い下限値を有するという意味ではないことは直感でもおわかりになると思う.検出限界と定量下限を,それぞれ"qualitative detection"および"quantitative determination"の下限値と表現している事例もあるが,両者を明確に区別すべきであることは自明である.

　また感度(sensitivity)とは,JIS K 0211規格によれば,ⓐ検出下限で表した分析方法あるいは機器の性能,ⓑ検量線の傾きで表した分析方法の性能,とされているが,同規格の旧版(1987)では,上記ⓑの定義に相当する,ある量を検出するとき検出定量できる被測定量の変化の最小量(値)だけが定義されている.被測定量の変化量とは言い換えれば検量線の傾きである.

　確かに,ある装置の検出限界が低いとき,感度が良いと表現されることがある.いずれも分析法の測定能力や微量成分の定量の可否を判断する目安として用いられるが,本来両者は厳密に区別すべきである.これら3つの用語の定義を整理してみると以下のとおりとなる.

・検出限界;信号として検出し得る最低量.
・感度;検出限界の濃度依存性,つまり検量線の傾き.
・定量下限;分析値として定量し得る最低量(数値の信頼性と共に決定)

3.3

検出限界

　検出限界について話を進めるに当たって,まず,分析値の分布よりそのばらつき度合いを評価する考え方について述べなければならない.標準偏差と平均

3.3 検出限界

偏差についてである．一般に，繰り返し測定時の値のばらつき度合い（振幅平均）の見積もりについては，以下に定義する標準偏差 σ が最もよく使用される．

$$\sigma = \sqrt{\frac{\sum_{i=1}^{n}(x_i-\bar{x})^2}{n-1}} \tag{3.1}$$

ここで，$\bar{x}$ は n 個の測定値 x_i に対する平均値である．$n-1$ で割る不偏平均2乗偏差（不偏分散）の平方根でもって標準偏差とするが，$n-1$ で割ったことを明示するために σ_{n-1} と書くことも多い．電卓などでは，n で割る σ_n と $n-1$ で割る σ_{n-1} とがあるので注意して区別する．考え方としては，非常に多数（理論的には無限）の測定で得られるデータ群（母集団）の標準偏差は σ_n であり，その中の有限のサンプル集団から母集団のばらつきを推定する場合は σ_{n-1} となる．もっとも，n が大きくなれば両者は近似的に等しくなることは言うまでもない．

n が十分には大きくない場合は，平均偏差と呼ばれる偏差の絶対値の相加平均の方がばらつき実態を反映するという考え[3]もある．ただし，絶対値の総和という計算は，2乗和の計算よりは若干複雑になる．n が幾つ以上であれば十分かは見解の別れるところであるが，例えばAタイプ（ばらつきに関する）の標準不確かさの算出には，少なくとも10回の繰り返し測定が必要とされている．

$$\tau = \frac{\sum_{i=1}^{n}|x_i-\bar{x}|}{n} \tag{3.2}$$

どちらがいいとは一概には言えないだろうが，何でもってばらつき度合いを計算したかを明記することは不可欠であろう．本稿では以下に示す解説指針に則って，標準偏差を用いてばらつき度合いを評価する．

3章 検出限界と定量下限

改めて説明するまでもなく，十分な頻度の一群のデータ（母集団）は，**図3.1**に示すように，平均値を頂点として左右対称の正規分布またはガウス（Gaussian）分布と呼ばれる数学モデルで表現される．母集団の約68％は平均から±1σ以内にあり，同様に約95％は平均から±2σ以内，約99.7％は平均から±3σ以内にあることが知られているが，この約99.7％の確かさでもって

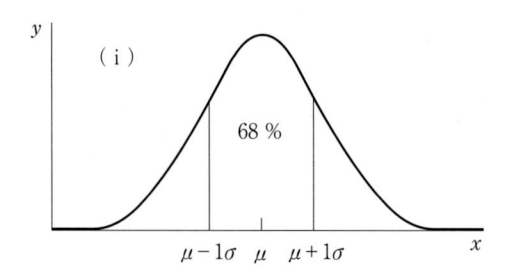

母集団の
（ⅰ）約68％は平均±1σ以内にある

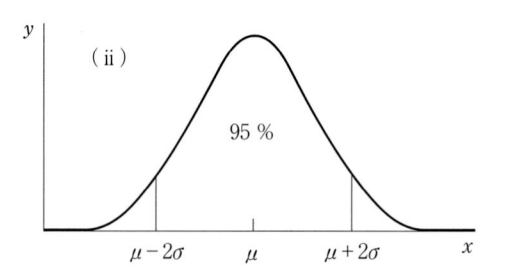

（ⅱ）約95％は平均±2σ以内にある

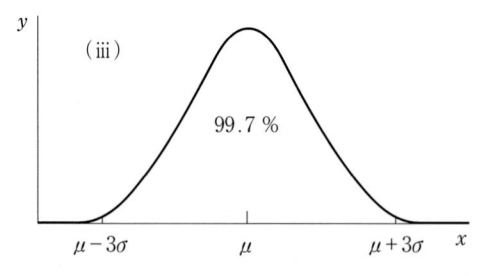

（ⅲ）約99.7％は平均±3σ以内にある

図3.1 正規分布の特性

3.3 検出限界

バックグラウンド（ブランク）の信号分布に被測定物質が検出されないと言える最大濃度（平均値＋3σ）が検出限界として定義されていると考えるとよい．

検出限界とはつまるところ，ブランクまたはバックグラウンドと「有意に異なる」信号を与える最低量または濃度と考えられるが，「有意に異なる」ことを判断する基準をどのように決めるかが重要な問題で，これらは統一されないで様々な考え方と呼称で定義されてきた経緯がある．最もよく使われるのは，上記のとおり，ブランク（測定対象元素を加えないで調整された標準液）の平均から＋3σ離れた値（濃度）を検出限界とする考えである．すなわち

$$x_D = x_b + k\sigma_b \tag{3.3}$$

ここで x_D, x_b, σ_b, k はそれぞれ検出限界値（信号強度），ブランク信号の平均値，ブランク信号の標準偏差値および信頼性の水準によって決定される定数である．また，測定量ではなく濃度で表す場合は

$$C_D = C_b + k\sigma_b A \tag{3.4}$$

C_D, C_b, A はそれぞれ検出限界濃度，ブランク濃度の平均値および感度と表される．検量線から濃度を求めるのでブランク濃度は通常0となるが，その場合は式(3.4)はよりシンプルになる．

$$C_D = k\sigma_b A \tag{3.4'}$$

これは元来 Kaiser が提唱した考え[4]であり，国際純正応用化学連合（IUPAC, International Union of Pure and Applied Chemistry）も当初はこれを採用した[5]．米国化学会（ACS, American Chemical Society）も然りである[6]．しかしこの考え方には，試料中に検出される被測定物質の側の分布が考慮されていない．図3.2(a)に示すように，存在しない被測定物質が存在すると誤る確率（α）は上述のように（100−99.72）/2＝0.14％であるが，存在する被測定

3章　検出限界と定量下限

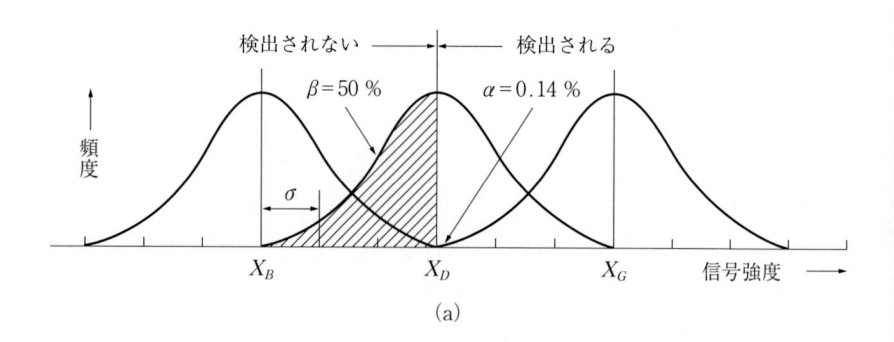

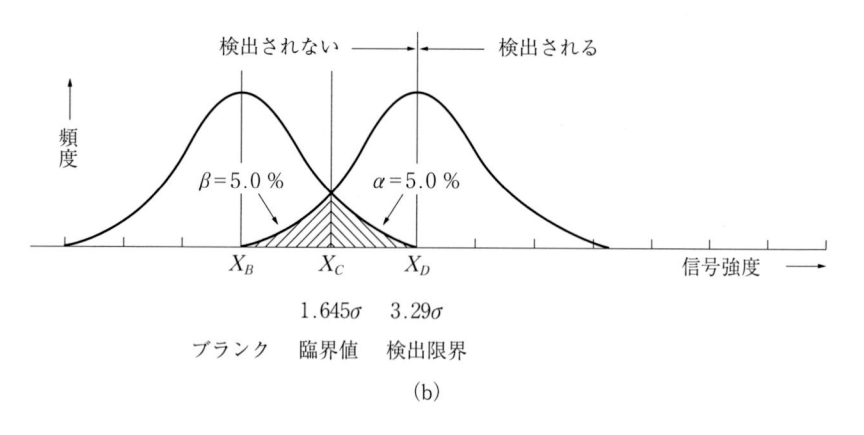

(a)

(b)

1.645σ　3.29σ

ブランク　臨界値　検出限界

X_B；ブランク値の平均，X_C；判定限界値，X_D；検出限界値

X_G；純度の保証限界または確認限界

図3.2　検出限界に関する2つの考え方

物質が存在しないと誤る確率（β）はもっと高くなってしまうというものである．ブランク濃度近傍の有限濃度の試料の値は，ブランクと同程度の分布を持つと考えることは合理的なので，検出限界の濃度を含む試料を分析する際に検

3.3 検出限界

出されない確率は50％になる（図3.2（a）参照）．いわゆる前者の第1種の過誤（false positive）と後者の第2種の過誤（false negative）のずれである[7,8]．

本件について，Currieは，判定限界（decision limit），検出限界（detection limit），定量下限（determination limit）と3系統の概念を以下のように提唱した[9]．「検出した」と判定する限界値はブランク側の分布から導くαだけで決定し，分析プロセスが持つ本来の「真の検出限界」は$\alpha=\beta$として決定すべきとした．検出限界については図3.2（b）に示すように，$\alpha=\beta=0.05$（過誤の可能性として5％）として，ブランク値の平均値から$2\times1.645\sigma=3.29\sigma$だけ離れた値に相当する濃度とすることを提唱した．

判定限界はαだけを考慮して，5％では検出限界の半分で1.645σと考えた．ちなみに3σだけ離れた値は，もし$\alpha=\beta$と考えれば過誤の可能性は約7％となる．言い換えれば，3σで検出限界を求めるということは，約7％のリスクを内含しているという意味である．

ここで判定限界とは，分析結果が検出を意味しているか否かを決定する，いわば臨界値（critical value）であり，測定結果が，装置が信号を検出したという意味であるか否かを判断する最低量と考えられる．十分な確かさでもって信号が検出できる最低量として定義される検出限界より低い濃度であるが，両者の区別は幾分イメージしづらいかもしれない．

Currieのこの考え方はなかなか受け入れられないできたが，検出限界について，IUPAC[10]はISO[11]（国際標準化機構）と歩調を合わせる形で$\alpha=\beta=0.05$，すなわち3.29σだけ離れた値を検出限界とする方針に合意した．しかしその後もこの方針は浸透せずに，誤認識や混乱は続く．実は，IUPACとISOの協調の前にも，検出限界は3σだけ離れた値としておいて，$\alpha=\beta=0.014$とする値（すなわち6σだけ離れた値）を純度の保証限界（limit of guarantee of purity）[12]または確認限界（limit of identification）[13]として別に呼ぶ見方もあったが，これはあまり採用されなかった．

3章 検出限界と定量下限

　また概念の問題としても，IUPAC は化学計測とリンクした形で正味の信号強度や分析濃度を「検出限界」として規定しているのに対し，ISO は状態変数としての「最小検出可能値」を想定しているなど，協調後も依然温度差は残っていることが指摘されている[14]．これ以外にも様々な検出限界（例えば t-分布を利用した考え方[15] など）が検討されているが，本書でこれ以上解説する必要はなかろう．歴史的経緯も含めた詳細は成書[16] を参照されたい．

　ただし，実際のデータでは 3σ 相当濃度（値）を使うことが圧倒的に多いと著者は実感している．ちなみに，分析化学のデータブックにおける原子スペクトル分析および原子質量分析（原子吸光分析，ICP 発光分析，ICP 質量分析など）法による検出限界も 3σ 値である[17]．また，ブランクとして何を用いるかについても複数の見解が存在する．装置検出限界（Instrumental DL）は，検量線の標準溶液 1（すなわち測定対象元素を加えないで調製された，y 切片を決めるための標準液）で測定した 3σ 値で定義し，方法検出限界（Methodological DL）は，いわゆる空試験試料で測定した 3σ 値で定義するという違いである[18]．

　JIS でも原子スペクトル分析・原子質量分析の通則で類似の記述がある[19],[20]が，装置検出限界が検量線用ブランク液でもって測定した 3σ 値であるのに対し，方法定量下限は，定量下限に関する数値として，操作ブランク液で測定した $\sqrt{2}\times 10\sigma$ 値（数値の意味は後述）を定義している．

3.4 原子スペクトル分析法における検出限界の算出

(1) ICP発光分析法（ICP-AES）の場合

　ブランクの3σの信号を与える濃度を，検出限界と定義するのが一般的である．濃度既知の測定元素の発光強度およびブランク（酸の水溶液やマトリクスのみを含む溶液など）の発光強度より真の発光強度を求め，次にブランクの変動を計測して，次式より算出する．

$$(LOD) = 3 \times \sigma_B \times \frac{C}{\overline{X_s} - \overline{X_B}} \tag{3.5}$$

　ここで，$\overline{X_s}$は測定元素の発光強度の平均値，$\overline{X_B}$はブランクの発光強度の平均値，Cは測定元素の濃度である．Cを測定元素の真の発光強度$(\overline{X_s} - \overline{X_B})$で割った値$C/(\overline{X_s} - \overline{X_B})$が単位カウント数当たりの濃度となり，これが感度に相当する．σ_Bはブランクの標準偏差で，ある程度（少なくとも10回程度）測定を繰り返して算出すればよい．

(2) 原子吸光分析法（AAS）の場合

　原子吸光分析法においても，バックグラウンド（ゼロ吸光）のノイズ変動の標準偏差の3倍に等しい吸光信号を生じる元素の濃度と定義されるのは，ICP発光分析法の場合と同様である．また感度は，1％吸光信号（吸光度0.0044）を生じる元素濃度と定義される．なお，2つの元素で同じ感度を示しても，バックグラウンドノイズの大きさによって検出限界値が全く異なることは自然であり，ノイズが小さくなれば検出限界も低くなる．信号が定常的（通常の溶液

の噴霧導入）な場合は，ベースラインノイズの最大変動幅の3倍の大きさの信号（信号とノイズの比（SN比）として3に相当する信号）を与える元素濃度を検出限界として見積もることも行われるが，やはりバックグラウンドの標準偏差の3倍相当濃度とした方が，統一的な解釈として妥当である．電気加熱原子吸光法，一滴法，バッチ式水素化物法など過渡的信号を測定する場合は，ブランク信号の繰り返し測定における標準偏差の3倍（3σ）に相当する信号を与える元素濃度を検出限界とする．

　いずれのケースも，検出限界値は，機器の安定性（光源，検出器，増幅器などのノイズ）や分析波長のみならず，マトリックスや溶媒の種類などの試料の液性によっても左右される．原子スペクトル分析（ICP-AES, AAS）やICP質量分析における各元素の検出限界値は，様々な資料中に提示されているものの，年代や資料ソースによって大きく異なっていることも少なくない．読者はできるだけ新しい一覧表を参照されたいが，装置のハードウェアの進化に起因するのみならず，これらの値は単元素の酸性溶液という理想的な条件での数値であることが多いため，数値の絶対値よりは元素間の相対的な違いを理解するにとどめた方がよい．実際の検出限界値は，実験者がブランクおよびブランクに近い低濃度標準液を用いて，試料組成に近い条件で実測して決定する．

　表3.1，表3.2および表3.3に，原子吸光分析，ICP発光分析，ICP質量分析における各元素の検出限界値[17]をそれぞれ示すので，1つの参考としていただければ幸いである．

3.4 原子スペクトル分析法における検出限界の算出

表3.1 原子吸光分析における検出限界値[17]

元 素	波 長 nm	FAAS[a] フレーム[c]	FAAS[a] 検出限界 $\mu g\ mL^{-1}$	GFAAS[b] 検出限界 pg
Ag	328.1	A/A	0.003	0.3
Al	309.3	N/A	0.03	1
As	193.7	A/A, Ar/H	0.05(0.1)[d]	8
Au	242.8	A/A	0.02	2
B	249.8	N/A	2	200
Ba	553.6	N/A	0.03	6
Be	234.9	N/A	0.002	0.03
Bi	223.1	A/A	0.005(0.2)[d]	5
Ca	422.7	A/A, N/A	0.002	0.4
Cd	228.8	A/A	0.002	0.08
Co	240.7	A/A	0.008	2
Cr	357.9	A/A	0.005	2
Cs	852.1	A/A	0.05	6
Cu	324.8	A/A	0.005	1
Dy	404.6	N/A	0.2	
Dy	421.2	N/A	0.05	40
Er	400.8	N/A	0.05	80
Eu	459.4	N/A	0.02	20
Fe	248.3	A/A	0.004	4
Ga	294.4	N/A	0.4	20
Ga	287.4	N/A	0.3	1
Gd	368.4	N/A	8	
Ge	265.2	N/A	0.3(4)[d]	3
Hf	307.3	N/A	8	
Hf	286.6	N/A	2	34000
Hg	253.7	A/A	0.2	120
Ho	410.4	N/A	0.06	90

3章 検出限界と定量下限

元　素	波　長 nm	FAAS[a)]		GFAAS[b)]
		フレーム[c)]	検出限界 $\mu g\ mL^{-1}$	検出限界 pg
I	183.0	N/A	30	30
In	303.9	A/A	0.06	5
Ir	208.9	A/A	2	
Ir	264.0	A/A	3	100
K	766.5	A/A	0.001	0.5
La	550.1	N/A	3	1200
Li	670.8	A/A	0.002	3
Lu	336.0	N/A	0.7	4000
Mg	285.2	A/A	0.0004	0.2
Mn	279.5	A/A	0.002	0.2
Mo	313.3	N/A	0.02	3
Na	589.0	A/A	0.0003	0.2
Nb	334.4	N/A	3	
Nd	463.4	N/A	2	10000
Nd	492.5	N/A	4	
Ni	232.0	A/A	0.008	9
Os	290.9	N/A	0.2	270
P	213.6	N/A	100	2000
Pb	217.0	A/A	0.04	3
Pb	283.3	A/A	0.03 (0.6)[d)]	2
Pd	247.6	A/A	0.03	4
Pr	495.1	N/A	10	4000
Pt	265.9	A/A	0.2	20
Rb	780.0	A/A	0.02	1
Re	346.1	N/A	1	1000
Rh	343.5	A/A	0.008	6
Ru	349.9	A/A	0.1	26
S	180.7	N/A	5	100

3.4 原子スペクトル分析法における検出限界の算出

元素	波長 nm	FAAS[a) フレーム[c)]	FAAS[a) 検出限界 μg mL^{-1}]	GFAAS[b) 検出限界 pg]
Sb	217.6	A/A	0.06(0.5)[d)]	5
Sc	391.2	N/A	0.08	60
Se	196.0	A/A, Ar/H	0.2(0.3)[d)]	9
Si	251.6	N/A	0.1	2
Sm	429.7	N/A	1.5	400
Sn	224.6	A/H, Ar/H, N/A	0.2(0.5)[d)]	8
Sn	286.3	N/A	0.8	5
Sr	460.7	N/A	0.003	1
Ta	271.5	N/A	3	
Tb	432.7	N/A	1	4
Tc	261.4	A/A	0.5	
Te	214.3	A/A	0.05(1.5)[d)]	7
Ti	365.4	N/A	0.05	120
Ti	364.3	N/A	0.4	40
Tl	276.8	A/A	0.01	3
Tm	371.8	N/A	0.03	10
U	358.5	N/A	60	1000
U	351.5	N/A	30	
V	318.5	N/A	0.09	3
W	255.1	N/A	4	
W	400.9	N/A	0.5	
Y	410.2	N/A	0.3	400
Yb	398.8	N/A	0.006	0.7
Zn	213.9	A/A	0.001	0.2
Zr	360.1	N/A	1.5	12000

a) フレーム原子吸光分析, b) グラファイト炉原子吸光分析
c) A/A：air-C_2H_2 炎, N/A：N_2O-C_2H_2 炎, Ar/H：Ar-H_2 炎, A/H：air-H_2 炎, d) 水素化合物発生法 [ng mL^{-1}].

3章 検出限界と定量下限

表 3.2 ICP 発光分析における検出限界値[17]

元素	波長[a]		軸方向観測検出限界[b] ng mL^{-1}	横方向観測検出限界[b] ng mL^{-1}	元素	波長[a]		軸方向観測検出限界[b] ng mL^{-1}	横方向観測検出限界[b] ng mL^{-1}
		nm					nm		
Ag	I	328.068	0.6	1	Ce	II	413.747	2.4	5
Al	II	167.081	0.5	3	Ce	II	418.660	2	3
Al	I	308.216		8	Cl	I	134.724	19	
Al	I	396.153	1.5	3	Cl	I	135.166	50	
As	I	189.042	2		Cl	I	837.597		50 ng[c]
As	I	193.759	5	5	Co	II	228.616	0.3	0.8
Au	I	242.795	1.4	3	Cr	II	205.552	0.3	1
B	I	182.641	0.5		Cr	II	267.716	0.5	0.8
B	I	249.773	0.5	0.3	Cs	I	455.536	1500	10000
Ba	II	455.404	0.05	0.09	Cu	I	324.754	1.3	1
Be	I	234.861	0.05	0.08	Cu	I	327.396	0.6	
Be	II	313.042	0.09	0.1	Dy	II	353.171	0.3	2
Bi	II	153.317	8.4		Er	II	323.059	0.9	
Bi	I	223.061	5.9	5	Er	II	337.275	0.4	2
Br	I	148.845	34		Er	II	349.910	0.4	
Br	I	154.065	9		Eu	II	381.966	0.1	0.09
Br	I	700.521	3500		Eu	II	412.974	0.1	
Br	I	827.246		50 ng[c]	Eu	II	420.505	0.06	
C	I	193.090		10	F	I	685.602		350 ng[c]
C	I	247.857		40	Fe	II	238.204	0.4	0.5
Ca	II	183.801	1.2		Fe	II	259.940	0.5	0.3
Ca	II	393.367	0.04	0.1	Ga	II	141.444	0.8	
Ca	II	396.847	0.01		Ga	I	294.364	2	4
Cd	II	214.438	0.3	0.6	Ga	I	417.206		5
Cd	II	226.502	0.2	0.6	Gd	II	342.247	0.6	3
Cd	I	228.802	0.4	0.5	Ge	II	164.919	1.3	

3.4 原子スペクトル分析法における検出限界の算出

元素		波長[a]/nm	軸方向観測検出限界[b] ng mL^{-1}	横方向観測検出限界[b] ng mL^{-1}	元素		波長[a]/nm	軸方向観測検出限界[b] ng mL^{-1}	横方向観測検出限界[b] ng mL^{-1}
Ge	I	265.118	4	3	Nb	II	309.417	1	3
Hf	II	277.336	1	1	Nb	II	316.340		11
Hg	I	184.950	2		Nd	II	401.225	1	2.3
Hg	I	253.652	3	12	Ni	II	221.647	0.4	3
Ho	II	339.898	0.5		Ni	II	231.604	1.3	1
Ho	II	345.600	0.3	1	Os	II	225.585	0.9	
I	I	142.549	13		Os	I	290.906		4
I	I	206.163		15	P	I	177.440	7	
In	II	158.637	0.2		P	I	177.499	1	
In	II	230.606	4	5	P	I	178.287	9	
In	I	325.609	4.5		P	I	213.620	10	10
In	I	451.132		45	P	I	214.911		30
Ir	II	212.681	2		Pb	II	168.215	1.8	
Ir	II	224.268	1.6	4	Pb	II	220.351	3	5.5
Ir	I	322.078		60	Pb	I	340.458	2	7
K	I	769.898	1.5		Pb	I	363.470		12
K	I	766.491	9	40	Pr	II	390.843	0.9	2
La	II	333.749	0.4	2	Pr	II	422.533		10
La	II	379.477	0.3	2	Pt	II	177.709	2.6	
La	II	408.671	0.6		Pt	I/II	214.423	3	4
Li	I	670.784	0.5	0.5					
Lu	II	261.542	0.05	0.1	Pt	II	224.552	11	
Mg	II	279.079	4.3		Pt	I	265.945	4	3
Mg	II	279.553	0.06	0.02	Rb	I	780.023	4	20
Mn	II	257.610	0.1	0.09	Re	II	197.313		2
Mo	II	202.030		2	Re	II	227.525	0.9	1
Na	I	588.995	0.2	0.15	Rh	II	233.477	3	20
Na	I	589.592	0.8	2	Rh	II	249.077	2.7	

3章 検出限界と定量下限

元素	波長[a]		軸方向観測検出限界[b] ng mL^{-1}	横方向観測検出限界[b] ng mL^{-1}	元素	波長[a]		軸方向観測検出限界[b] ng mL^{-1}	横方向観測検出限界[b] ng mL^{-1}
Rh	I	343.489	2	14	Th	II	283.730	1.3	5
Ru	II	240.272	0.8	2	Th	II	339.204	0.7	
Ru	II	267.876	0.6		Th	II	401.914	1.9	5
S	I	142.507	10		Ti	II	334.941	0.3	0.3
S	I	180.734	13		Tl	II	132.172	19	
S	I	182.034	4.9	45	Tl	II	190.864	5	10
Sb	I	206.838	2.5	6	Tl	I	377.572		58
Sb	I	217.589	3.4	14	Tm	II	313.126	0.4	2
Sb	I	231.147	2		Tm	II	346.220	0.5	0.2
Sc	II	361.384	0.09	0.2	Tm	II	384.802	0.3	
Se	I	196.090	5	20	U	II	385.958	8.1	12
Si	I	251.612	3	20	U	II	424.167	3	
Si	I	288.158		11	V	II	292.403	0.4	1.5
Sm	II	359.260	0.9	0.8	V	II	309.311	0.4	0.3
Sn	II	140.045	1.5		V	II	311.071	0.6	1.5
Sn	II	147.501	1.3		W	II	207.911	3	5
Sn	II	189.989	7	9	W	II	239.709	4.3	
Sn	II	283.999		15	Y	II	371.029	1	0.1
Sr	II	407.771	0.03	0.05	Yb	II	328.937	0.06	0.3
Sr	II	421.552		0.2	Yb	II	369.420	0.05	0.2
Ta	II	240.063	1.4	4	Zu	II	202.551	0.8	
Tb	II	350.917	0.7	0.8	Zn	II	206.191	0.3	
Tb	II	367.635	1.4		Zn	I	213.856	0.3	0.5
Te	I	170.00	3.9		Zr	II	339.198	0.3	2
Te	I	214.275	6	7	Zr	II	343.823	0.4	1

a) I：中性原子線，Ⅱ：イオン線，b) バックグラウンドの標準偏差の3σのシグナルを得る濃度を検出限界とした，c) ガス試料導入のため絶対量で表した検出限界.

3.4 原子スペクトル分析法における検出限界の算出

表 3.3 ICP 質量分析における検出限界値[17]

元素	質量	四重極質量分析計			高分解能質量分析計		
		Normal[a)] 検出限界 pg mL^{-1}	Cool[b)] 検出限界 pg mL^{-1}	Collision[c)] 検出限界 pg mL^{-1}	分解能[d)]	Normal[e)] 検出限界 pg mL^{-1}	Cool[f)] 検出限界 pg mL^{-1}
Ag	107	0.7		0.2	300		0.1
Al	27	0.2	0.08	4	300		0.1
As	75	3		2			
Au	197	0.5		0.4	300		0.8
B	11	0.8		17	300	0.2	
Ba	138	0.3			300	0.02	
Be	9	0.9		0.6			
Bi	209	0.2		0.03	300	0.01	
Br	79	16.5		70			
C	12	50000		40000			
Ca	40	50	0.3				
Ca	44	1500		4	300		0.3
Cd	111	0.7		0.2			
Cd	114	0.3			300		0.1
Ce	140	0.1		0.1			
Cl	35	1000					
Co	59	0.2	0.05	0.3	4000		0.06
Cr	52	0.3	0.04	0.7	4000		0.1
Cs	133	0.3		0.03			
Cu	63	0.5	0.2	2	300		0.09
Dy	163	0.3		0.05			
Er	166	0.3		0.03			
Eu	153	0.1		0.03			
F	19	30000					
Fe	56	5	0.03	2			
Ga	69	1		0.2	300		0.02
Gd	157	0.4		0.1			

3章 検出限界と定量下限

元素	質量	四重極質量分析計			高分解能質量分析計		
		Normal[a) 検出限界 pg mL^{-1}	Cool[b) 検出限界 pg mL^{-1}	Collision[c) 検出限界 pg mL^{-1}	分解能[d)	Normal[e) 検出限界 pg mL^{-1}	Cool[f) 検出限界 pg mL^{-1}
Ge	72	3		0.8			
Ge	74	1			300	0.6	
Hf	180	0.6		0.06			
Hg	202	0.9		1			
Ho	165	0.08		0.02			
I	127	1.7					
In	115	0.1		0.05	300	0.1	
Ir	193	0.2		0.04			
K	39	15	0.2	8	10000		0.1
La	139	0.1		0.1			
Li	7	0.1	0.01	2	300		0.009
Lu	175	0.1		0.02			
Mg	24	0.6	0.07	3.5	300		0.08
Mn	55	0.2	0.2	0.5	4000		0.09
Mo	95	0.5		0.4			
Mo	98	0.2			300	0.1	
Na	23	3	0.2	81	300		0.1
Nb	93	0.2		0.08	300	0.0008	
Nd	143	2		0.1			
Nd	146	0.4					
Ni	60	1.1	0.09	5	300		0.2
Ni	58	1					
Os	192	1					
P	31	1		870			
Pb	208	0.2		0.2	300		0.01
Pd	105	3		0.2			
Pd	106	1			300		0.2
Pr	141	0.08		0.02			
Pt	194				300		1.3

3.4 原子スペクトル分析法における検出限界の算出

元素	質量	四重極質量分析計			高分解能質量分析計		
		Normal[a)] 検出限界 pg mL^{-1}	Cool[b)] 検出限界 pg mL^{-1}	Collision[c)] 検出限界 pg mL^{-1}	分解能[d)]	Normal[e)] 検出限界 pg mL^{-1}	Cool[f)] 検出限界 pg mL^{-1}
Pt	195	0.7		0.3			
Rb	85	0.3		0.3			
Re	187	0.3		0.07			
Rh	103	0.09		0.1			
Ru	102	0.8					
S	32	100					
Sb	121	0.7		0.1	300	0.04	
Sc	45	0.2		1			
Se	78	60		3			
Se	82	51		25			
Se	80	60					
Si	28	6		120	4000	11	
Sm	147	0.3		0.1			
Sn	118	2		0.6			
Sn	120	0.5			300	0.1	
Sr	88	0.2		0.07	300		0.01
Ta	181	0.07		0.015	300	0.0009	
Tb	159	0.1		0.01			
Te	128	10					
Te	130	2					
Th	232	0.03		0.009			
Ti	48	2			4000	0.3	
Tl	205	0.4		0.09	300		0.02
Tm	169	0.07		0.01			
U	238	0.04		0.03			
V	51	0.2		0.4	4000	0.07	
W	184	0.3		0.08	300	0.2	
Y	89	0.1		0.03			
Yb	172	0.2		0.06			

元素	質量	四重極質量分析計			高分解能質量分析計		
		Normal[a] 検出限界 pg mL^{-1}	Cool[b] 検出限界 pg mL^{-1}	Collision[c] 検出限界 pg mL^{-1}	分解能[d]	Normal[e] 検出限界 pg mL^{-1}	Cool[f] 検出限界 pg mL^{-1}
Zn	66	2.7	7	4			
Zn	64	3			300		0.02
Zr	90	0.2		0.08	300	0.02	

a) 通常のICP四重極質量分析計で得られる検出限界，b) クールプラズマICP四重極質量分析計で得られる検出限界，c) コリジョンセルを搭載したICP四重極質量分析計で得られる検出限界，d) ICP高分解能質量分析計での分解能，e) 通常のICP高分解能質量分析計で得られる検出限界，f) クールプラズマICP高分解能質量分析計で得られる検出限界．

3.5

定量下限

　定量下限とは，前述のとおり，定量結果が十分な信頼性を有することのできる最小量（濃度）を意味するが，検出限界と同様に，どの程度の「十分な信頼性」をよしとするかで考えが分かれる．最もよく用いられてきたのはブランクの10σ値（すなわち検出限界値の3.3倍）であり[9]，式 (3.3) および式 (3.4) において単純に $k=10$ とする．しかし10σ相当濃度での信頼性がどの程度かは基本的にはケーススタディである．信号強度を実測して濃度を求める操作を何度も繰り返すと，濃度に対する測定値のばらつき度合いを知ることができるが，一例として，ICP発光分析による亜鉛の定量に関して，亜鉛濃度と上記相対標準偏差をプロットすると図3.3のようになる[21]．このとき得られた検出限

3.5 定量下限

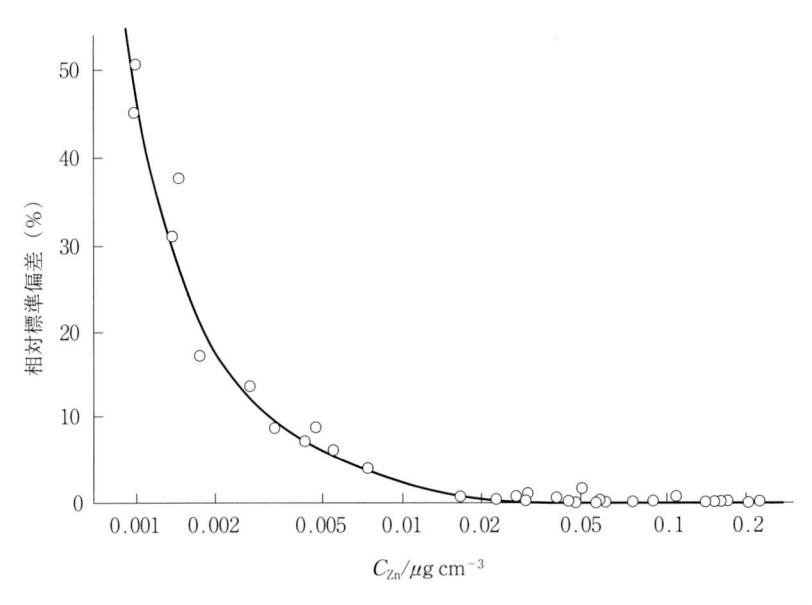

図3.3 ICP発光分析での繰り返し測定における相対標準偏差(RSD)と濃度の関係[21]

界（この文献の時代は$2\sigma_B$値が主流）は$0.0009\,\mu\mathrm{g\,cm^{-3}}$であったが，同図から明らかなように，定量し得る最低濃度は必要とされる精度（相対標準偏差）に依存し，10σでは相対標準偏差は10％弱となる．しかし分析精度を数％に抑えようとするなら10σでは不十分で，少なくとも20σ程度は必要であることが読み取れよう．さらに実試料では，試料の液性や信号の経時的安定性など，さらに下限値を押し上げる要因が生じることが多い．

例えば，「この装置ではppb（$\mathrm{ng\,cm^{-3}}$）まで検出できるから分析値としてx ppbを報告している」という言葉を少なからず耳にするが，本当に信頼性のある定量値を出すのなら，ppbの定量にはそれよりはるかに小さな検出限界（例えばppt（$\mathrm{pg\,cm^{-3}}$）レベル）を有することが十分条件となる．このように，

3章 検出限界と定量下限

定量下限値は信頼性とともに規定する．

ちなみに，「定量下限」はどちらかと言えば"定量限界"と言わない方がいいのではと著者は考えているが，その理由を以下のように考えている．濃度が高くなると測定信号と濃度が比例関係を保てなくなるため，定量上限（maximum limit of determination）と呼ばれる値が存在する．したがって，定量下限から定量上限までの領域が定量範囲（dynamic range）と考えられる．

一方，信号検出には"検出上限"という概念はあまり馴染まない．両者を誤用しないためにも「検出限界」と「定量下限」として使い分けるのが望ましいのではないだろうか．和英対応でも limit が限界，minimum limit が下限と訳して自然である．ちなみに，JIS K 0211 では「検出下限」の語は容認されている．

JIS では，原子スペクトル分析・原子質量分析の通則において，方法定量下限値が規定されているが，操作ブランク液で測定した $\sqrt{2} \times 10\sigma$ 値として定義される意味は以下のとおりである．原子スペクトル分析や原子質量分析においては，ブランクと試料とを個別に測定した上で，両者を差し引いて正味の濃度を求める場合が多い．そうすると，それぞれの測定における標準偏差の2乗和が正味濃度の標準偏差の2乗になるので，両者の標準偏差を同程度と考えれば，ブランクの標準偏差の2倍の平方根，すなわち $\sqrt{2}\sigma$ が正味濃度の標準偏差になる．したがって $\sqrt{2} \times 10\sigma$ で 14.1σ となるわけである．Currie もこの点に言及しており，L_C, L_D, L_Q 共にそれぞれ $\sqrt{2}$ 倍した値が表に記載されている[9]．表3.4にその一覧を示す．

検出限界および定量下限に関する考察は現在なお盛んである．原子スペクトル分析における定量下限に関しても，Mermet による示唆に富む包括的な考察が見られる[22]．定量下限（もちろん検出限界も）に関する，ブランクの σ 値を用いる概念は，次の3つの条件を満たしていることが前提である．①バックグラウンドノイズ（ブランク信号）は正規的（Gaussian）に分布している，②ブ

表3.4 ブランクの単独測定およびブランクと試料の両者を測定して正味信号を算出した場合の臨界値（L_C），検出限界値（L_D），定量下限値（L_Q）[9]

	L_C	L_D	L_Q
試料とブランクの両者を観測	$2.33\sigma_B$	$4.65\sigma_B$	$14.1\sigma_B$
ブランク単独を観測	$1.64\sigma_B$	$3.29\sigma_B$	$10\sigma_B$

$\alpha=\beta=0.05$, $k_Q=10$, $\sigma=\sigma_B$（濃度によって変化せず一定），と仮定．

ランク変動の標準偏差の見積もりは統計的に満足し得る，③異常値がない（特に少数回の繰り返し測定時）．

しかし，①と②はいつも満足されてはおらず，③はほとんどの場合検証されていない，と彼は主張する．①については，ICP 発光分析のようなブランク信号強度の大きい計測では問題ないが，ICP 質量分析のような，汚染やメモリーの影響がない場合に毎秒数カウント以下まで低下する計測の場合は正規分布が観測されない，としている．

分布の正規性を検証するために，実測値を使って EPA（米国環境保護庁）が推奨する Shapiro-Wilk テスト[23]を行ってみたところ，ICP 発光分析における可視光域のバックグラウンドについては，20回の実測値が 2974～3030 カウント毎秒の範囲であり 99 ％の信頼度で正規性が確認できたが，ICP 質量分析におけるそれらは，2つの質量数で調べたところ 40 回の実測値で 0～0.8，0～0.27 カウント毎秒の範囲であり，共に正規性は認められなかった．したがって，このデータから導かれる検出限界値（3σ）や定量下限値（10σ）は意味がない，と結論づけた．

文献や装置のカタログに散見する非常に小さいこれらの値は，時としてこの正規性の問題や，空試験試料を使わないで測定していることに起因するのでは

ないか，とも述べている．

彼は他の定量下限（LOQ）の見積もり方法として，以下の手法を紹介している．

(1) ブランクではなく実測値の繰り返し性（RSD）を評価してLOQを見積もる．

上述の図3.3と同じ見方であるが，モデル計算により以下の数値を見積っている．

RSD＝約50％（3σ相当濃度のとき）
RSD＝約15％（10σ相当濃度のとき）
RSD＝約10％（15σ相当濃度のとき）
RSD＝約5％（30σ相当濃度のとき）

ブランクの10σから求める値よりは信頼性が高いが，数種の濃度でRSDを求める測定が必要なため時間を要する．また，よく言われる，10σでRSD10％程度の信頼性となっていないことに留意したい．ここではバックグラウンドの補正を考慮して，$\sqrt{2}$倍で14％（約15％）としている．**図3.4**に，ICP発光分析における実測値の繰り返し測定時のRSDと濃度との関係を示す．また**図3.5**に，同じICP発光分析において計測時間（信号の積分時間）を変化させたときの関係を示す．

同じ濃度でも計測時間を増せばカウント数が大きくなるため，RSDが小さくなる結果としてLOQは小さくなる．**図3.6**に，ICP質量分析における実測値の繰り返し測定時のRSDと濃度との関係を示す．図3.4～図3.6共，両対数プロットで表現されている．

(2) 方法検出限界からLOQを求める．

空試験試料にスパイクした複数個の試料で標準偏差を求め，t-分布値を用いて計算する．より現実的だが，信号のσは濃度に依存しないという仮定を用

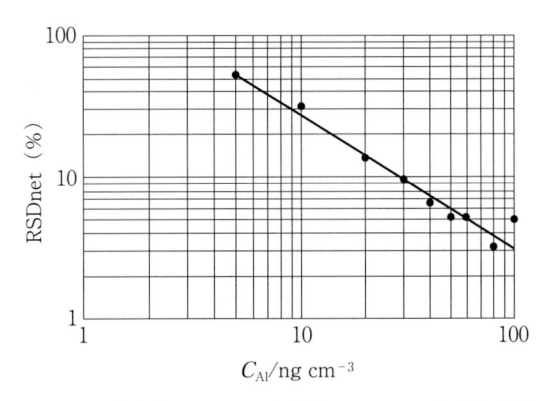

図 3.4 ICP 発光分析における実測値の RSD の濃度依存性（1）
Al（Ⅰ 396 nm）の正味信号強度[22]

RSD＝50 %のときに 6 ng cm^{-3} の LOQ 値が，RSD＝10 %のときに 30 ng cm^{-3} の LOQ 値が，RSD＝5 %のときに 60 ng cm^{-3} の LOQ 値が得られる．

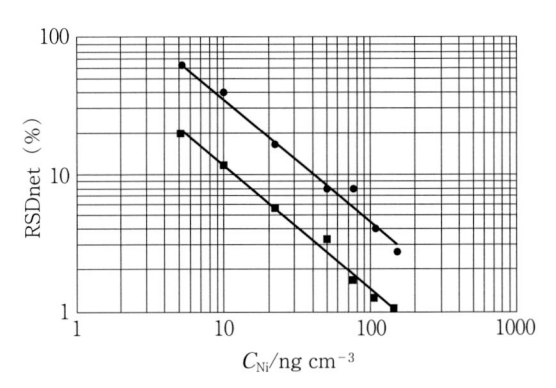

図 3.5 ICP 発光分析における実測値の RSD の濃度依存性（2）
Ni（Ⅱ 231 nm）の正味信号強度[22]

積分時間：● 1 s，■ 10 s，RSD5 %のときに，1 s 積分では 90 ng cm^{-3} の LOQ 値が，10 s 積分では 25 ng cm^{-3} の LOQ 値が得られる．

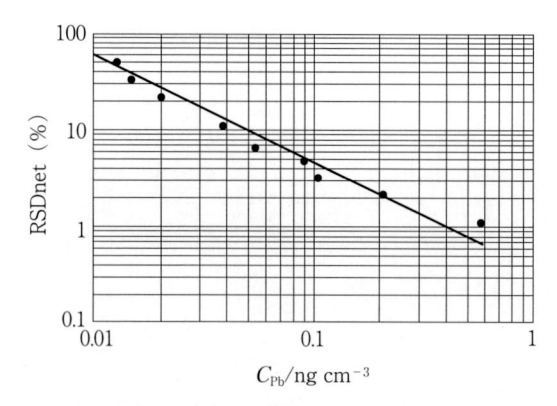

図 3.6 ICP 質量分析における実測値の RSD の濃度依存性
^{208}Pb の正味信号強度[22]

RSD = 50 % のときに 0.01 ng cm^{-3} の LOD 値が，RSD = 10 % のときに 0.05 ng cm^{-3} の LOQ 値が，RSD = 5 % のときに 0.1 ng cm^{-3} の LOQ 値が得られる．

いている．一般に原子スペクトル分析では，測定信号の標準偏差はその濃度に依存するため，この仮定は全面的には受け入れられない．
(3) 検量線より LOQ を求める．
　検量線の不確かさから，切片が持つ信頼性の幅を見積もり，予想される上限ラインが y 軸と交差した点を最小定量可能値として算出する．ブランク値そのものの分布よりも検量線の切片としての分布の方が信頼性が高い，という判断である．回帰直線に起因する不確かさを考慮しているが，測定点の重みづけや信頼性のレベルに影響されやすい．
(4) 測定値の不確かさ自体を見積もって濃度との相関を調べ，RSD と同様にそのクリティカルレベルを決めることで LOQ を求める．
　望ましい姿の 1 つではあるが，大変な労力を要する．
　またこれらの算出は異常値を除外してから行うべきだが，異常値の検出によく用いられるテストとして Dixon の検定や Grubbs の検定がある．前者は数値

群の数が少ない場合，後者は数が多い場合に用いられる．ISO は後者を推奨しているが，どちらも正規分布を仮定している．詳細は解説書を参照されたい[24]が，この Mermet の考察[22] を含めて Hampel の検定の優位性に言及した報告は多い[25]．結局のところ決め手となる方法があるわけではなく，一長一短の考え方と言える．いずれにせよ，統計的に取り扱うには決して十分とは言えないデータ群から，より説得力のある判断基準値を作る，というのは至難の技であることは間違いない．Monte Carlo 法によるシミュレーション計算で検出限界を見積もる試みもあるが，平易な理解を目指す本書では割愛することとしたい．

3.6 検出限界や定量下限付近の分析値をどのように表記するか

分析結果が検出限界や定量下限近辺の濃度となったときにどのように報告すべきだろうか．複数の考え方はあると思うが，大事な点は，単純に数値だけ書くのではなく，その測定結果を使う人が判断するに必要な情報を併せて記載することであろう．

例えば検出限界（LOD）をブランク値の 3σ 相当濃度として簡単のために 3 と仮定する．それに対して測定結果が 2 であった場合，以下のように記載するとよいであろう[26]．

記載方法	記載例
検出限界（LOD）未満	<3
検出せず（LOD 値を記載）	検出せず（LOD＝3）

また同様に，定量下限（LOQ）をブランク値の 10σ 相当濃度として簡単の

ために10とする．それに対して測定結果が6であった場合，以下のように記載する方法が考えられる[26]．

記載方法	記載例
検出限界以上で定量下限未満	>3であり<10
検出限界値と定量下限値の間	3から10
おおむね6（定量下限値を記載）	おおむね6（LOQ=10）
検出された（検出限界値と定量下限値を記載）	検出された（LOD=3であり，LOQ=10）

信頼性水準とともに記載し得る最低濃度を示す定量下限値未満の数値は，文字どおり「定量」されてはいないのであるから，報告として明確に数値を記載するとおかしなことになる．上記の記載方法のいずれかを選択するのがよいであろう．

3.7

おわりに

　検出限界や定量下限について重要なことは，どの定義をどのような考え方の下で使ったかを自覚し，かつ明示することであろう．何のために検出限界値や定量下限値を求めるのか，また分析内容に適した見積もり方法はどれかなど，分析の目的に立ち返って考えることが必要である．

　例えば環境分析におけるスクリーニングのように，法的規制値未満であることをチェックする分析では，本来検出されるべき試料が検出されなかったと誤ることがあってはならない．その場合は上述のβを小さくすべく，過誤の可能性が5％と理解した上でLODとして3.29σを使う，あるいは0.14％とし

3.7 おわりに

て6σを使う．またICP質量分析での計測におけるLOQの見積もりでは，アルミニウムの測定など，継続使用により装置内汚染が除外できない元素ではブランク値から算出するが，白金族元素などバックグラウンドが非常に小さい場合は，ブランク値の統計量は信頼性が低いので，実測試料の繰り返し性の濃度依存性からLOQを算出する，などである．身の回りにブランクとして，どの元素がどれくらい存在しているかを意識することは，信頼性のある微量成分分析を行うためには重要である．

検出限界と定量下限は，化学計測の根幹をなす概念の1つであるが，信頼性用語の齟齬[27]と同様に，今なお混乱と誤認識の中にあるようでもある[28]．これらの概念は，その統一的解釈に向けた啓蒙活動と同時に，より良い概念の構築に向けた検討も継続されている．

参考文献

1) 尾関徹：ぶんせき，56（2001）．
2) JIS K 0211：2005, 分析化学用語（基礎部門）．
3) 高木誠司：定量分析化学の実験と計算，第1巻，p.31, 共立出版，1967.
4) H.Kaiser：Fresenius Z. Anal. Chem., 209, 1（1965）．
5) IUPAC Commission on Spectrochemical and Other Optical Procedures for Analysis：Anal. Chem., 48, 2294（1976）．
6) ACS Committee on Environmental Improvement：Anal. Chem., 52, 2242（1980）．
7) 河口広司：ぶんせき，2（1982）．
8) G. L. Long and J. D. Winefordner：Anal. Chem., 55, 712A（1983）．
9) L. A. Currie：Anal. Chem., 40, 586（1968）．
10) IUPAC Commission on Analytical Nomenclature, L. A. Currie：Pure and Appl. Chem., 67, 1699（1995）．
11) ISO11843-2：Capability of detection — Part 2：Methodology in the linear calibration case, International Organization for Standardization（2000）．

12) H. Kaiser：Fresenius Z. Anal. Chem., **216**, 80（1966）.
13) P.W.J.H Boumans：Spectrochim. Acta Part B, **33**, 625（1978）.
14) L. A. Currie：Chemom. Intell. Lab. Syst., **37**, 151（1997）.
15) J. Mocak, A. M.Bond, S. Mitchell, and G. Scollary：Pure & Appl. Chem., **69**, 297（1997）.
16) L. A. Currie ed.：'Detection in Analytical Chemistry', ACS Symposium Series 361, pp. 335, American Chemical Society, 1988.
17) 日本分析化学会編：分析化学データブック，改訂5版，丸善（2004）.
18) V. Thomsen, D.Schatzlein, and D. Mercuro：Spectrosc., **18**, 112（2003）.
19) JIS K 0116：2003, 発光分光分析通則.
20) JIS K 0133：2007, 高周波プラズマ質量分析通則.
21) 杉前昭好：分析化学, **28**, 559（1979）.
22) J.-M. Mermet：Spectrochim. Acta Part B, **63**, 166（2008）.
23) S. S. Shapiro and M. B. Wilk：Biometrika, **52**, 591（1965）.
24) J. C. Miller and J. N. Miller, 宗森信，佐藤寿邦 訳：データのとり方とまとめ方 第2版，—分析化学のための統計学とケモメトリックス—, pp.329, 共立出版（2004）.
25) T. P. J. Linsinger, W. Kandler, R.Krska, and M.Grasserbauer：Acred. Qual. Assur., **3**, 322（1998）.
26) J. Kenkel：Analytical Chemistry for Technicians, Lewis Publishers, 1988.
27) 上本道久：ぶんせき, 16（2006）.
28) 上本道久：ぶんせき, 216（2010）.

第4章　信頼性にかかわる用語

　分析値の信頼性にかかわる用語は，研究者や技術者によって特段意識されずに使用されている．例えば，「高精度な分析」，「正確な定量操作」などと日常的に言及する．しかしこれらの用語の意味は正しく理解されて使い分けられているのだろうか．また我が国では分野によって用語が異なっており，それらの意味するところも異なる，という状況はどれだけの方がお気づきであろうか．

第4章 信頼性にかかわる用語

4.1 はじめに

　分析値の信頼性にかかわる用語に関しては，それらの個別の意味や整合性についてあまり議論されてこなかったようである．それぞれの分野ごとに用語のJISを独自に制定し，それらに準拠することで信頼性の評価を定義し，文章化してきたのが実情であろう．しかしながら，数値の信頼性に関する概念は化学計測にとどまらず，物理計測や数理統計などの基礎科学領域，さらには電子工業などの応用化学領域でも共通のトピックスである．数値の信頼性の評価を国際的に標準化する流れの中で，表現方法の整合性を検討していくことが希求されており，関連用語の見直しと一元化が避けられないものの，信頼性にかかわる用語の使い方はいまだ国内外において共通認識を得ているとは言い難い．
　本章では，主として我が国における分析値の信頼性にかかわる用語について，冒頭で述べた現状を最新の文献より精査して解説する．

4.2 用語の出典

　我が国では，分析値の信頼性にかかわる用語のほとんどはJIS規格で規定されているといっても過言ではない．もちろん国際規格については国際標準化機構（ISO）や国際電気標準会議（International Electrotechnical Commission,

IEC）などに代表される国際的機関を中心とした文書を起源としているが，日本語としての用語使用が複雑多岐に渡っており，その確実な理解が日々の分析化学的実務に重要であることから，ここでは主として JIS 規格（ISO 対応規格も含めて）で規定された用語（日本語）について解説することとした．

4.3 信頼性にかかわる概念や評価手法の推移

　従前の誤差の概念に代わって提案された不確かさ（uncertainty）とは，計測結果の信頼性に関する統一的表現として，ISO を含む複数の国際機関が協議して提案した用語である．元来，不確かさに限らず，計量にかかわる用語の分野間の統一が希求されており，その整合を目的として，ISO の計測グループ（ISO/TAG4/WG3）の提案により，計測に関係する主要な国際機関である国際度量衡局（Bureau International des Poids et Mesures（仏），Bureau of International Weights and Measures（英），BIPM），国際電気標準会議（IEC），国際標準化機構（ISO）および国際法定計量機関（International Organization of Legal Metrology, OIML）が共通の術語を作成することになり，参加 4 機関の名の下に，国際計量基本用語集（International vocabulary of basic and general terms in metrology, VIM）の初版が 1984 年に出版された．

　その後，この用語集は化学とその関連分野における必要性を十分に満たしていないことが明らかになったため，前述の 4 機関に国際純正応用化学連合（International Union of Pure and Applied Chemistry, IUPAC），国際純粋応用物理学連合（International Union of Pure and Applied Physics, IUPAP），国際臨床化学連盟（International Federation of Clinical Chemistry and

Laboratory Medicine, IFCC）からの専門家を加えた7機関による作業グループにより初版が見直され，1993年に第2版が出版された[1]．

また，第2版で不確かさに関する概念が導入された．その後更に，計量を必要とする分野の急速な広がりへの対応として，生化学や食品，法科学などの領域をも対象とすることが必要になった．また，不確かさを推進・具体化するに当たり，トレーサビリティ，校正や不確かさ評価などに関する用語を新たに導入して，2007年に第3版が発行された[2]．第3版では国際試験所認定機構（International Laboratory Accreditation Cooperation, ILAC）を加えた8機関の共同提案とし，名称もInternational vocabulary of metrology − basic and general concepts and associated termsと若干変更された．なお，上記7機関は計量関連ガイドに関する合同委員会（Joint Committee for Guides in Metrology, JCGM）の名で，事務局をBIPMとして1997年に発足，その後ILACを加えて8国際組織の合同委員会として機能している．このVIM第3版はISO/IEC Guide 99としても発行されている[2]．

信頼性に関するもう1つの重要な文書が，計測における不確かさの表現ガイド[3]（Guide to the expression of uncertainty in measurement, GUM）である．VIM第2版では不確かさの定義が主であったが，GUMでは不確かさの評価手法と計算手順に踏み込んだ具体的な内容となっている．GUMは1995年に訂正版が出されたが，これは2008年にISO/IEC Guide 98[4]として規格化されるに至った．従来の誤差評価（Error Approach, EA）から不確かさ評価（Uncertainty Approach, UA）への転換が明確に謳われた重要な文書である．こちらも2008年に上記のJGCMから，少し表題を変えてEvaluation of measurement dataとして発行されており，さらにモンテカルロ法という，乱数発生により数値計算を行うシミュレーション手法を取り入れた補遺版[5]を発行している．

JCGMは啓蒙活動にも力を入れており，GUMはいわば「不確かさの六法全

4.3 信頼性にかかわる概念や評価手法の推移

書」のような膨大かつ複雑な文書であるので,その入門編としての文書[6]を翌年に発行した.これらはすべて BIPM のホームページ[7]から取得可能である.

我が国で上記の VIM および GUM に基づき,不確かさは,JIS K 0211（分析化学用語（基礎部門）)[8]および JIS Z 8103（計測用語)[9]で以下のとおり定義される.
「測定の結果に付記される,合理的に測定量に結び付けられ得る値のばらつきを特徴づけるパラメーター」
JIS Z 8103 規格の旧版（1990）では VIM 第 1 版に準拠して,
「測定量の真の値が存在する範囲を示す推定値」
と定義されていた.新旧の概念は本質的な相違はないが,一般には知り得ない（"神様"だけが知っている）真の値や誤差に焦点を当てるのではなく,既知の測定結果を用いて測定量が存在する範囲をデータのばらつきから求めるのが不確かさ評価（UA）の考え方である.

さらに言及すれば,分析値の信頼性に関する指標という意味では,従来の「誤差」も「不確かさ」も本質的な意義に違いはない.異なる点は,前者が個々の測定結果に対する真の値からの"ずれ"を表現しているのに対し,後者は,真の値は元来知り得ないという前提に立って,分析値の"疑わしさ"を合理的に見積もるという考え方にある.真の値を基準にするのではなく,真の値の存在する範囲を合理的に推定するというのが,上記の VIM 第 2 版や GUM の理念である.

このことを踏まえて,信頼性（reliability）の定義も,JIS K 0211（分析化学用語（基礎部門））の旧版（1987）では
「精度又は正確さの期待できる程度」
であったのが,改正版（2005)[8]では
「機器,方法又はそれらの要素が,規定の条件の範囲内において規定の機能と性能を保持する時間的安定性を表す性質又は度合い」

と具体的に測定量が存在する範囲を示す表現になっている．

4.4 化学計測領域における信頼性用語

図4.1に分析・計測分野での信頼性にかかわる用語の関係を示す．同図における精度（precision）とは測定値のばらつき（dispersion）の程度を示し，正確さとは真の値からのかたより（bias）の程度，すなわち真度（trueness）を示している．そして両者の総合した概念を精確さ（accuracy）として表すこと

```
                    精確さ accuracy
                     〔不確かさ〕
         ┌──────────────┴──────────────┐
   真度 trueness                精度 precision
    〔かたより〕                  〔ばらつき〕
                        ┌──────────────┴──────────────┐
                  繰返し性（併行精度）          再現性（再現精度）
                    repeatability              reproducibility
                                        ┌──────────────┴──────────────┐
                                    室内再現性                    室間再現性
                              intermediate precision           reproducibility
```

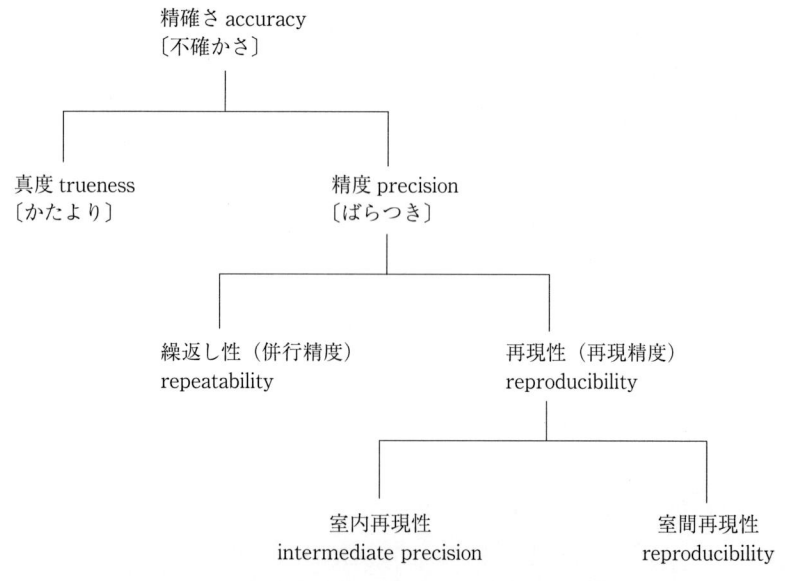

図4.1 化学計測分野における信頼性用語[10]

が，化学計測の立場から求められている．その精確さの度合いを不確かさとして定量的に表現するわけである．ちなみに，かつては真の値からのかたより度合いを正確さと呼んでいたが，精確さとの混乱を避けるため，現在は真度なる用語を使うようになっている．

不確かさについては本章では深く言及しないが，いわゆるAタイプの不確かさが従来の偶然誤差に相当するばらつきの程度を評価し，Bタイプの不確かさが従来の系統誤差に相当するかたよりの程度を評価すると考えると理解しやすい．**図4.2**にデータの分布状況と信頼性の関係を示した．図4.1で示される精度は更に，繰返し性（repeatability）と再現性（reproducibility）に分けて考えることになる．

前者は測定手順，測定者，測定装置，使用条件，測定場所について同一の条件下で短時間に行われた一連の測定量の一致の程度であり，後者は測定の原理または方法，および前述の諸条件を変えたときの測定量の一致の程度である．再現性については特に，同じ実験室か違う実験室かで，室内再現性および室間再現性として表現される．これらの用語の使い方は，他の化学計測領域の規格（JIS Z 8402-1[11]）においてもおおむね統一されているが，この規格ではrepeatabilityを併行精度または繰返し精度，reproducibilityを（室間）再現精度と呼んでいる．精度と真度の違いについての理解を更に確実にするために**図4.3**に模式図を示す．これを見れば，例えば機器分析で「再現性が高いのでこの測定値は正しい」とは必ずしも言えないことが改めてお分かりになると思う．

第4章 信頼性にかかわる用語

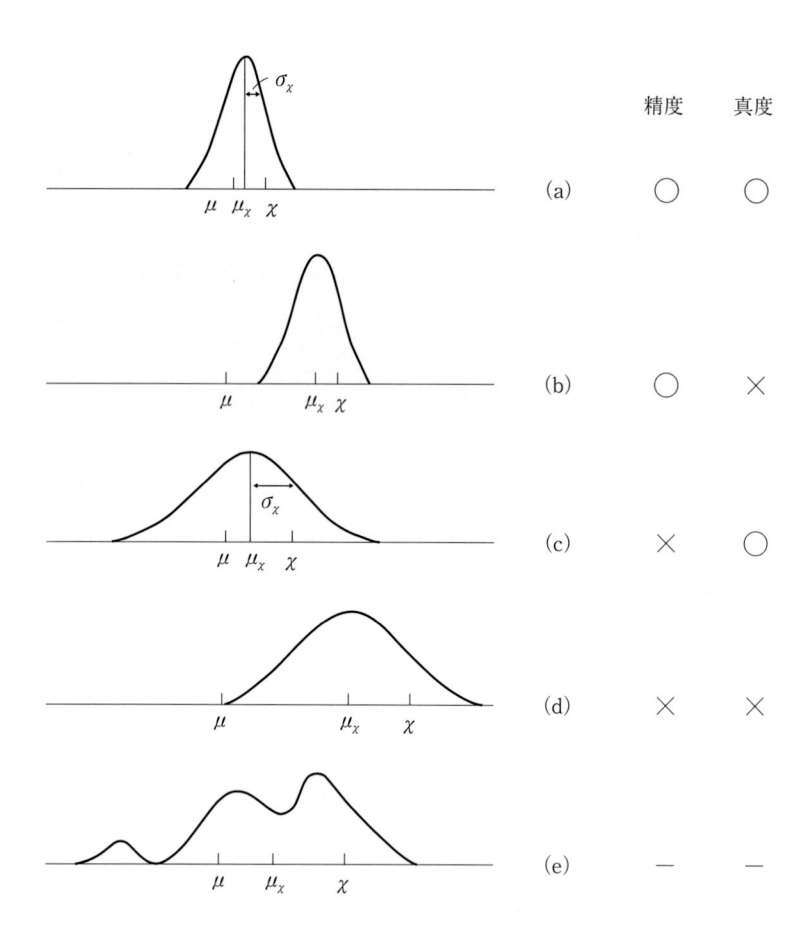

	精度	真度
(a)	○	○
(b)	○	×
(c)	×	○
(d)	×	×
(e)	—	—

μ：真の値，μ_χ：データの平均値，σ_χ：標準偏差，χ：$\chi = \mu_\chi + \sigma_\chi$
○ 優れている，× 劣っている，— 求められない

図4.2 データの分布状況と信頼性[10]

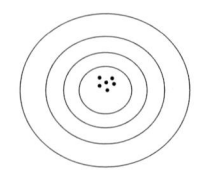

精度および真度が高い　　　精度は高いが　　　　精度も真度も低い
（precise and true）　　　真度は低い　　　（neither precise nor true）
　　　　　　　　　　　（precise but not true）

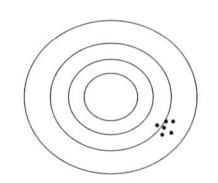

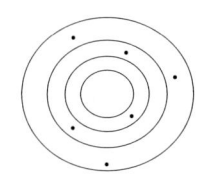

図 4.3　真度と精度の関係を示す模式図

4.5　物理計測あるいは数理統計における信頼性にかかわる用語

　前章で，化学計測における用語，と断ったのには訳がある．同じ概念が別の分野では別の日本語で表現され，しかも複雑に関係していることがその理由である．例えば先に紹介したZ 8103（計測用語）ではaccuracyのことを精度と呼ぶ．前述のとおり化学計測系規格ではaccuracyは精確さであり，精度と言うとprecisionになる．この錯綜した状況は表で表す方が賢明である．

　表 4.1 に，化学計測，物理計測，数理統計，および適合性評価の 4 分野における accuracy, precision, trueness, repeatability, reproducibility の対訳語を示す．同一規格でも旧版とは用語が異なっているケースもあるので，最新版より整理して記載した．なお，分析化学の専門家にとって重要な JIS K 0211 については比較のために旧版（1987）も併記した．

　この一覧表よりまず読み取れることは，化学計測と物理計測はほぼすべての

第4章 信頼性にかかわる用語

表4.1 基礎科学分野のJIS規格で規定される信頼性にかかわる用語

分野	JIS規格	対応ISO規格	accuracy	trueness	precision	repeatability	reproducibility
化学計測	Z 8402-1 : 1999	5725-1 : 1994	精確さ	真度 正確さ	精度	併行精度 繰返し精度	(室間)再現精度
化学計測	K 0211 : 2005 (K 0211 : 1987)	—	精確さ (正確さ)	真度 (−)	精度 (精度)	繰返し性 (同一条件測定精度)	再現性 (再現精度)
物理計測	Z 8103 : 2000	—	精度	正確さ	精密さ 精密度	繰返し性	再現性
数理統計	Z 8101-2 : 1999	3435-2 : 1993	精確さ 総合精度	真度 正確さ	精度 精密度 精密さ	併行精度 繰返し精度 繰返し性	(室間)再現精度 再現性
適合性評価	Q 0033 : 2002	Guide 33 : 2000	精確さ 精度	真度 正確さ	精度 精密さ	併行精度 繰返し性	(室間)再現精度 再現性

用語で相違が見られること,数理統計は両者の折衷とも言うべきで複数の対訳語を規定していることである.さらに,改正されたJIS K 0211最新版ではrepeatabilityおよびreproducibilityについてZ 8103の訳語を採用するようになっていること,ISOガイドの翻訳版である適合性評価分野の規格(Q 0033[12]))においては化学系(Z 8402-1)と物理系(Z 8103)の訳語の完全併記になっていること,などが特筆される.しかし複数の語のどちらでもよいと

4.5 物理計測あるいは数理統計における信頼性にかかわる用語

いう規定では使用者の混乱は解消しない．

なお，適合性評価分野の規格については，用語および定義についての規格である Q 0030[13] の方が本来は一覧表での比較には適当であるが，本規格の制定は 1997 年であり 2000 年の Z 8103 の改正より前であったため，2002 年に制定された同種の最新規格 である Q 0033（認証標準物質の使い方）より用語を抽出した．

要するに，国際的整合性確保を目的として制定された前述の VIM や GUM などによって，不確かさ，精度，真度（この規格本体で採用），真の値，系統誤差，偶然誤差，繰返し性，再現性（附属書で採用）などの用語は，その概念や英語表記の統一化が促進されてきた．しかし日本語訳は分野により異なっており，その状況は今日に至るまで十分に改善されているとは言い難い．むしろ本章でまとめてみることでその違いがより明確になった感がある．

表 4.2 に国際規格・ガイドにおける計測の不確かさに関連する用語の定義の状況を示す．誤差を表現するばらつきやかたよりに代わって，不確かさや繰返し性，再現性など統計的な概念を導入した客観的な表現が用語（英語）として次第に採用される方向にあることがわかる．ちなみに表 4.2 では，多くの読者の理解を助けるために化学系と物理系双方の和訳語が記載されている．

第4章 信頼性にかかわる用語

表4.2 国際規格で用いられる計測の不確かさに関連する用語[14]

用語 (対応英語)	国際計量基本 用語[*1] (1993)	ISO 5725[*2] (1994)	ISO 3534[*3] (1993)	ISO GUIDE 30[*4] (1992)	GUM[*5] (1993)
真の値 (true value)	○		○	○	
誤差 (error)	○		○	○	○
かたより (bias)	○	○	○		
ばらつき (dispersion)					
正確さ (accuracy)	○			○	○
真度 (trueness)		○	○		
精密さ,精度 (precision)	○	○	○	○	
精密さ,精確さ (accuracy)		○	○		
不確かさ (uncertainty)	○		○	○	○
繰返し性 (repeatability)	○	○	○	○	○
再現性 (reproducibility)	○	○	○	○	○

[*1] BIPM, IEC, IFCC, ISO, IUPAC, IUPAP, OIML:international vocabulary on basic and general terms in metrology, 2nd ed, 1993, ISO.
[*2] ISO 5725 (Part 1~Part 6) Accuracy (trueness and precision) of measurement methods and results, 1994, ISO.
[*3] ISO 3534-1 Statistics-Vocabulary and symbols Part 1:Probability and general statistical terms, 1993, ISO.
[*4] ISO GUIDE 30:Terms and definitions used in connection with reference materials, 2nd ed, 1992, ISO.
[*5] BIPM, IEU, IFCC, ISO, IUPAC, IUPAP, OIML:Guide to the Expression of Uncertainty in Measure ment, 1st ed. 1993, ISO.

4.6 電子工業における信頼性にかかわる用語

　上記4系統とは別に，工学分野においても信頼性にかかわる用語が規定されている．C 1002（電子測定器用語）[15]およびB 0155（工業プロセス計測制御用語及び定義）[16]である．しかしこれらの規格においては，前述のaccuracy, precision, truenessという概念では分類し難い用語が多いため，これら3つと類似の概念を持つと思われる用語を，その定義も含めてできるだけそのままリストアップすることにした．表4.3に上記2規格における一覧を示す．C 1002は電子測定器の用語規格らしく，対象となる数値をとってみても，測定値だけでなく装置の指示値および表示値や機器の供給値と4種規定されており，化学計測では馴染みの薄い概念で定義されている．また，それら数値の変化度合いを示す用語なども6種と実に多彩である．図4.4に，本規格で規定する「安定性」を損なわせるこれら用語の相互関係を示す．

　C 1002は1975年に制定され，そのまま改正されずに現在に至っている．一方，B 0155は1986年に制定され，IECの翻訳版として1997年に改正されたものの，信頼性にかかわる用語としてやはり多くの基礎科学系にはない概念を規定している．1993年のGUM制定後の比較的新しい規格であるにもかかわらず，不確かさに関する記述はなく誤差の概念を用いており，accuracyを正確さとするなどZ 8103の旧版に近い用語の使い方のようである．組合せ精度をsystem accuracy，精度定格をaccuracy ratingとしているので，accuracyに対して一義的に訳語を当てているわけでもない．どちらも独自路線で用語を自由に定義しているような感じを受ける．

第4章 信頼性にかかわる用語

表4.3 電子工業分野の JIS 規格で規定される信頼性にかかわる用語

規 格	対応 ISO 規格	用 語	対応英語	定義（一部抜粋）
C 1002：1975 （電子測定器用語）	―	確度	accuracy, limit of error	規定された状態において動作する機器の測定値または供給値に対し，製造業者が明示した誤差の限界値．
		繰り返し性	repeatability	同一の方法で同一の測定対象を，同じ条件で比較的短い時間に繰返し測定した場合の，個々の測定値が一致する度合．
		再設定性	resettability	供給量の設定において，同じ条件で比較的短い時間に，繰返し同じ設定値を与えた場合の個々の供給値が一致する度合．
		安定性	stability	1 規定された時間，機器がその指示値，表示値，または供給値を維持する能力．ただし，すべての状態を一定に保つ． 2 指定された一つの外部影響量の変化に対して，機器がその指示値，表示値，または供給値を維持する能力．ただし，他の状態を標準状態に保つ．
		測定値	measured value	測定によって求めた値
		指示値	indicated value	機器の指示値．アナログ機器の場合
		表示値	indicated value	機器の表示値．デジタル機器，オシロスコープ，記録計などの場合
		供給値	supplied value	機器が供給した量の値
		（規定された時間中の機器の指示値，表示値もしくは供給値の変化度合）		
		ドリフト	drift	穏やかで継続的な，好ましくない変化
		PARD	periodic and/or random deviation	平均値付近における，周期的若しくはランダムな，またはその双方を含む好ましくない変化

4.6 電子工業における信頼性にかかわる用語

規　格	対応ISO規格	用　語	対応英語	定義（一部抜粋）
		ハム	hum	平均値付近における，電源周波数に関連したほぼ正弦波状の低周波の好ましくない変化
		リプル	ripple	平均値付近における，周期的であるが非正弦波状の好ましくない変化
		雑音	noise	1　広い周波数範囲にわたり，ランダムに生じる好ましくない変化 2　信号に重量し（かさなり），あいまいにする妨害.
		揺らぎ	fluctuation	平均値付近における，ランダムで比較的ゆっくりした好ましくない非周期的変化

規　格	対応国際規格	用　語	対応英語	定義（一部抜粋）
B 0155：1997 (工業プロセス計測制御用語及び定義)	IEC 902：1987	正確さ	accuracy	測定した値と測定される量の（実用上の），真の値との合致性概念の度合
		組合せ精度 総合精度	system accuracy	多数個の機器を組み合わせて動作させたとき，その結果として得られた最大誤差の限界.
		精度定格	accuracy rating	機器の形式仕様によって許容される，最大誤差の限界
		一致性	conformity	直線，対数曲線，放物線などの規定特性と，近辺する校正曲線との近接の度合.
		独立一致性	independent conformity	規定特性曲線と，それを近似する校正曲線との最大プラス差および最大マイナス差が最も小さくなるようにした場合の，近接の度合.
		ヒステリシス	hysteresis	印加された入力値の方向性によって出力値は異なる機器の特性.
		不感帯	dead band	出力値の変化として関知できる変化を，全く生じることのない入力変化の有限範囲.

第4章 信頼性にかかわる用語

規　格	対応 ISO 規格	用　語	対応英語	定義（一部抜粋）
		ドリフト	drift	機器の外部要因によらずに，ある期間にわたって装置の入力・出力の関係に起こる望ましくない緩慢な変化．
		繰返し性誤差	repeatability error	全動作範囲にわたって，同一動作条件の下で，同一方向から接近する同一入力値に対する出力を短時間反復測定したときの上下限測定値の代数差．
		再現性誤差	reproducibility error	規定時間以上にわたり，同一動作条件の下で同一入力値に対して，両方向から接近させて出力を反復測定したときの上下限測定値の代数差．

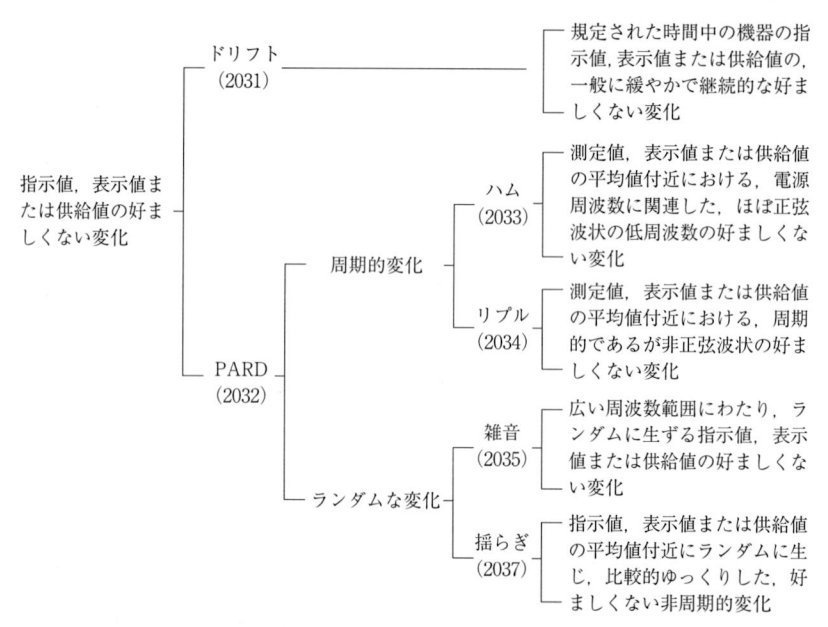

```
                              ┌ ドリフト ──────────── 規定された時間中の機器の指
                              │ (2031)                  示値，表示値または供給値の，
                              │                         一般に緩やかで継続的な好ま
                              │                         しくない変化
指示値，表示値ま ─┤             
たは供給値の好ま              │           ┌ ハム ──── 測定値，表示値または供給値
しくない変化                  │           │ (2033)    の平均値付近における，電源
                              │ ┌周期的変化┤          周波数に関連した，ほぼ正弦
                              │ │           │          波状の低周波数の好ましくな
                              │ │           │          い変化
                              │ │           │
                              │ │           └ リプル ── 測定値，表示値または供給値
                              │ │             (2034)    の平均値付近における，周期
                              └ PARD ─┤                 的であるが非正弦波状の好ま
                                (2032) │                 しくない変化
                                       │
                                       │           ┌ 雑音 ──── 広い周波数範囲にわたり，ラ
                                       │           │ (2035)    ンダムに生ずる指示値，表示
                                       │           │            値または供給値の好ましくな
                                       └ランダムな変化┤           い変化
                                                   │
                                                   └ 揺らぎ ── 指示値，表示値または供給値
                                                     (2037)    の平均値付近にランダムに生
                                                               じ，比較的ゆっくりした，好
                                                               ましくない非周期的変化
```

図 4.4 C1002（電子測定器用語）における数値の変化度合いを示す用語[15]（用語の下の数字は規格本体に記載される対応番号を表す）

しかしながら，化学計測で用いる機器分析装置もそのほとんどが電子測定器の示す信号を利用しているので，数値の信頼性に関する3つの基本概念（精確さ，精度，真度）とは何らかの整合性を取らなければならないのではないだろうか．例えば，C 1002における数値の変化度合いについての6種の用語は，ばらつきを示す precision の要素として他分野でも理解できるように解説されるべきであろう．

これ以外のJISにも随所に信頼性の用語や概念は登場する（例えば工作機械[17]や非破壊検査の分野[18]）が，本章ではこれ以上は言及しない．

4.7 おわりに

本章では，数多い信頼性にかかわる用語の中で基本的な用語についてのみ，化学計測（分析化学）を専門とする者の立場で解説を試みた．しかし物理計測や数理統計，電子工業分野の専門家なら，これと逆の見方で解説を行うであろう．ある用語の使用の是非は，定義として教育を受けてきた経験と関係しているので幾分始末が悪い．誰もがその分野で自ら身に付けた言葉を正しいと信じているので，熟学者ほど議論にならず溝が埋まらないのである．最近は，化学計測だけで完結的に研究を行うのではなく，例えば産学公連携など，異分野間で学際的共同研究をする場合も少なくないが，そういった場合にこの問題はより深刻になる．

著者は2002年以来，社団法人日本分析化学会主催の教育プログラムで，分析値の信頼性について講演する機会を持っているが，この問題への対応策としては，①英語そのままかカタカナ英語で表現する，②自分がどの分野の立場で

用語を使っているかを用語使用の際に表記する，のどちらかを励行するように提案している．例示すると，
① 「この測定のアキュラシーは……として評価した」など
② 「この測定の精確さは……として評価した．なお，信頼性用語の使用はJIS K 0211（分析化学用語（基礎部門））によった」など

実際には後者の方がより現実的かも知れない．

最も深刻なのは「精度」であろうか．分析化学で「高精度測定」と言うと，ばらつきが少ない測定のことを指すが，この表現がばらつきもかたよりも少ない測定と受け取られることがあるとは，恐らく誰も認識していないのではないだろうか．しかしながら，分析報告書を読む人やそれを使って判断を下す人が化学計測の専門家とは限らない．またその逆もある．著者は「高精確測定」というタイトルを付けて「高精度測定」に直すよう指摘され，説明しても怪訝な顔をされた苦い経験がある．

本章の前半で解説したように，信頼性用語の統一は国際的な潮流であるが，読者諸氏は我が国におけるこの現状をよく理解した上で，分析報告書を評価する際や作成する際は，どの分野のJISに準拠したものであるかを十分意識するなど，無用な齟齬を避けるよう努められたい．

参考文献

1) BIPM, IEC, IFCC, ISO, IUPAC, IUPAP, OIML：International vocabulary of basic and general terms in metrology, Second edition, International Organization for Standardization, 1993.
2) ISO/IEC Guide 99：2007, International vocabulary of metrology-basic and general concepts and associated terms（VIM））．JCGM（Joint Committee for Guides in Metrology）200：2008（International vocabulary of metrology-basic and general concepts and associated terms（VIM）

3) BIPM, IEC, IFCC, ISO, IUPAC, IUPAP, OIML, Guide to the expression of uncertainty in measurement, First edition, ISO, 1993.
4) ISO/IEC Guide 98-3：2008, Uncertainty of measurement-Part3：Guide to the expression of uncertainty in measurement（GUM：1995）．JCGM 100：2008, Evaluation of measurement data-Guide to the expression of uncertainty in measurement.
5) JCGM 101：2008, Evaluation of measurement data—Supplement 1 to the "Guide to the expression of uncertainty in measurement"—Propagation of distributions using a Monte Carlo method.
6) JCGM 101：2009, Evaluation of measurement data—An introduction to the "Guide to the expression of uncertainty in measurement" and related documents.
7) http://www.bipm.org/
8) JIS K 0211：2005, 分析化学用語（基礎部門）．
9) JIS Z 8103：2000, 計測用語．
10) 日本分析化学会編, 平井昭司監修：現場で役立つ化学分析の基礎, オーム社, 2006, 7章．
11) JIS Z 8402-1：1999, 測定方法及び測定結果の精確さ（真度及び精度）—第1部：一般的な原理及び定義（ISO 5725-1：1994の翻訳版）．
12) JIS Q 0033：2002, 認証標準物質の使い方（ISO Guide 33：2000の翻訳版）．
13) JIS Q 0030：1997, 標準物質に関連して用いられる用語及び定義（ISO Guide 30：1992の翻訳版）．
14) 上本道久：ぶんせき, 16（2006）．
15) JIS C 1002：1975, 電子測定器用語．
16) JIS B 0155：1997, 工業プロセス計測制御用語及び定義．（IEC 902：1987の翻訳版）
17) JIS B 0182：1993, 工作機械—試験及び検査用語．
18) JIS Z 2300：2009, 非破壊試験用語．

第5章　不確かさの概念と見積もりの考え方

　不確かさという語は，数値の信頼性について話すときによく登場するものの，では不確かさとは端的には何かと問われると，はっきりと説明できないという人が多いのではなかろうか．本章では，その概念と考え方について解説する．

第5章　不確かさの概念と見積もりの考え方

5.1 はじめに

　前章で述べたとおり，VIM や GUM の出版に伴う信頼性用語の整備により，分析値の"疑わしさ"を見積もるために，真の値の存在する範囲を合理的に推定することが必要になった．真度（かたより）と精度（ばらつき）を総合的に評価した精確さの定量的な尺度としての不確かさの見積もりが，分析値の提示に当たって必要となった次第である．
　本章では，不確かさとは何か，また考え方としてどのように進めていけばよいのかを解説する．

5.2 不確かさの概念

　今まで使っていた「誤差」は具体的な見積もり方法が明確化されていなかった．その定義は真値からのずれの度合いであるが，"真値"は合理的に導き出すことは困難なので，その概念はともかく，誤差を計算することには任意性があり，実際の見積もりの際は，実測値の繰り返し性や再現性を標準偏差などの統計量で現して数値に添付することが多かった．つまりこれらは，いわば分析値の"総合的な"誤差と言えるかもしれない．しかしこれでは真度（かたより）に関する見積もりは正しく評価されていない．さらに，誤差の数値が異な

った場合，どの分析操作に起因しているのかを考察することが容易ではない．

不確かさを見積もる意義は，端的には誤差要因の定量化である．まずは行った分析手順より実験操作をもれなく列挙してみるところから始まる．その操作それぞれに起因する不確かさを合成して最終的に分析値に付随する不確かさとする．不確かさを構成する要因の内容を調べて評価すると，一例として以下のようなことがわかる[1]．

(1) 分析技術者の熟練度
(2) 装置，器具の適否
(3) 分析法の適否
(4) 試薬，純水の純度などの適否
(5) 分析室を取り巻く環境の適否

もう少し具体的に言うと，考え得る不確かさ要因としては，

a. サンプリング（試料の代表性の確保，秤量操作）
b. 試料保存条件
c. 分離・濃縮の前処理
d. 測容器による調製
e. 試薬純度
f. 汚染（分析操作の各段階で発生する可能性）
g. 測定時の条件（マトリックス効果や干渉，装置のバイアスなど）
h. ブランク補正
i. 検量線作成
j. 熟練度
k. 偶然的ばらつき

などが挙げられ[2]，これらがどの程度測定値の信頼性に関与したかを知ることができる．そのことによって，得られたデータに対する不確かさに対して上記のどの寄与分が大きいかということがより明確になり，必要に応じて改善する

第5章 不確かさの概念と見積もりの考え方

ことができることになる．すなわち誤差要因の定量化は，ひいては数値の信頼性向上につながると考えられる．すべての不確かさ寄与分は，それらを合成する前に，標準偏差のように「標準不確かさ」として表すことが必要である．

ここで不確かさの見積もりに先だって述べておきたい，重要な考え方がある．不確かさの見積もりの第一歩は何と言っても要因解析であり，これが最も重要なプロセスである．また実験者のみが知り得る情報もあるので，要因の同定や見積もりにはある程度任意性があると考えるべきである．

例えば，試料の溶解後に定容化操作を行った際，三連の操作で全量フラスコの1本だけ少し標線オーバーしたとする．倒置混合したところあまり目立たなくなった．このときに，メスアップで標線オーバーが生じたことを知るのは実験者のみである．それを勘案して不確かさの見積もりに反映させるべきではあるが，そうするか否かは実験者に委ねられている．

大事なことは，最終的に見積もった不確かさの大小よりも，その見積もりプロセスに合理性があることである．不確かさの評価は定型的作業でもなく，純統計学的なものでもない．また分析者の見識によるところが大きく，不確かさ要因の解析能力の違いによって不確かさの程度は当然ながら異なってくる．不確かさは単純に小さければよいというものではない．見積もりが合理的であることが最も重要である．図5.1に不確かさ見積もりのプロセスを示す．

以下は箇条書きとして再掲した見積もりのプロセスである．

①不確かさ要因の洗い出しと同定
②それぞれの要因（成分）の標準不確かさの算出
③他の次元量を持つ要因と合成するための相対標準不確かさへの変換
④すべての成分を加味した合成標準不確かさの算出
⑤合成標準不確かさに包含係数を掛けた拡張不確かさの算出

5.2 不確かさの概念

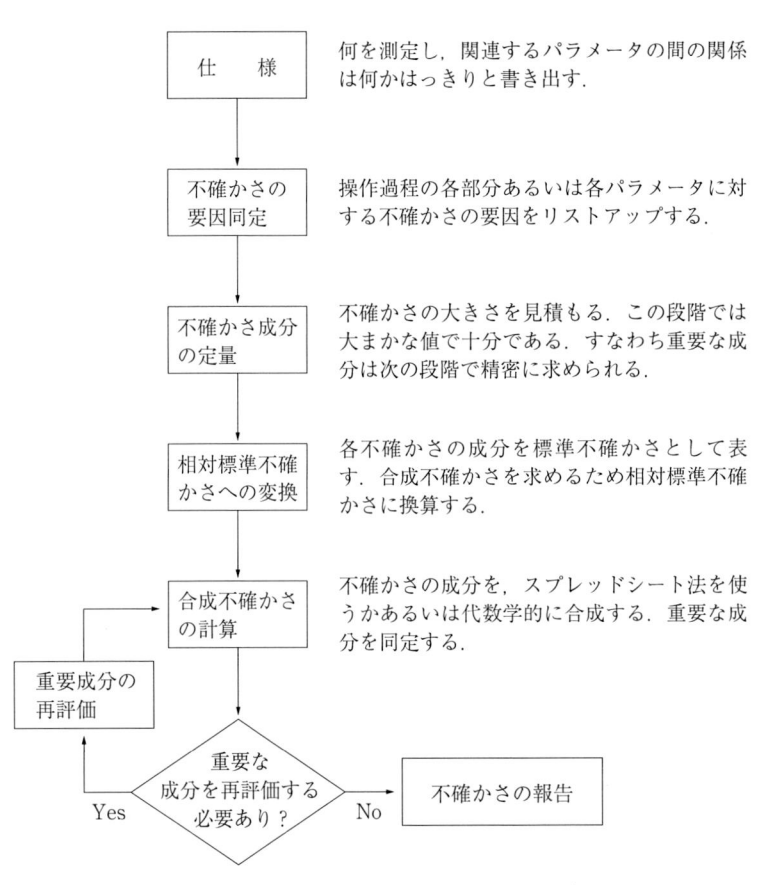

```
        ┌─────────┐    何を測定し，関連するパラメータの間の関係
        │  仕 様  │    は何かはっきりと書き出す．
        └────┬────┘
             ↓
      ┌──────────┐    操作過程の各部分あるいは各パラメータに対
      │ 不確かさの│    する不確かさの要因をリストアップする．
      │ 要因同定 │
      └─────┬────┘
            ↓
      ┌──────────┐    不確かさの大きさを見積もる．この段階では
      │不確かさ成分│   大まかな値で十分である．すなわち重要な成
      │  の定量  │    分は次の段階で精密に求められる．
      └─────┬────┘
            ↓
      ┌──────────┐    各不確かさの成分を標準不確かさとして表
      │相対標準不確│   す．合成不確かさを求めるため相対標準不確
      │かさへの変換│   かさに換算する．
      └─────┬────┘
            ↓
      ┌──────────┐    不確かさの成分を，スプレッドシート法を使
      │合成不確かさ│   うかあるいは代数学的に合成する．重要な成
      │  の計算  │    分を同定する．
      └─────┬────┘
```

図 5.1 不確かさの見積もりのプロセス[3]

個々の要因におけるパラメーター（入力量）を $x_1, x_2, \ldots x_n$，それによって決まる測定量（出力量）y を $y = f(x_1, x_2, \ldots x_n)$ という関数で表現すると，パラメーター x_i に付随する標準不確かさ $u(x_i)$ を用いて，y に対する合成標準不確かさ $u_c(y)$ を以下の基本式で表すことができる．

$$u_c(y) = u(f(x_1, x_2, \dots x_n)) = \sqrt{\sum_{i=1}^{n} c_i^2 u(x_i)^2} \qquad (5.1)$$

ここで c_i は感度係数で，関数 y の x_i に関する偏微分として表されるが，実験的にも直接求められる．c_i を 1 とすることも多い．

$$c_i = \partial y / \partial x_i \qquad (5.2)$$

5.3 不確かさの見積もりの基礎

　標準不確かさを相対値に変換した上で合成標準不確かさを求め，それらを更に合成していく．最終的に分析値に対する合成不確かさを算出し，包含係数（$k=2$ がよく用いられる）を掛けて拡張不確かさとして分析値に付与する．一般的な分析操作では，試料調製，ブランク調製，標準液調製，検量線による測定に分けて不確かさを積算していくが，前述のようにその見積もり方は必ずしも一本道ではない．通常は，検量線の直線性と試料測定の繰り返し性にかかわる要因が支配的で，次に希釈を伴う標準液の調製にかかわる要因であろうか．特性要因図（フィッシュボーンダイヤグラム）を書いて漏れのないように列挙する[1]が，非定型的な不確かさ要因を盛り込めるかどうかは，前述のように実験者の誠実さによるところが大きい．

5.3.1 タイプAの不確かさ

　統計的に評価し得るタイプA（Aタイプ）と呼ばれる要因（偶然誤差に相

当）が該当する．この不確かさは，単純に n 回の繰り返し測定（10回程度）の標準偏差として求められる．また，1つの母集団から採取された m 個の試料の平均値の標準偏差は，1つの試料を n 回測定した結果から求めた標準偏差（前者）を $\sqrt{m}$ で割った値として与えられる．これは4章で述べた"ばらつき"に相当する要因であるが，元来不確かさの定義は「測定の結果に付記される，合理的に測定量に結び付けられ得る値のばらつきを特徴づけるパラメーター」である．したがって，測定値にかたよりがないことがわかっているなら，n 回の独立したサンプリングによる測定値の不確かさは，単純にそれらの数値から計算される標準偏差（あるいは平均偏差など何らかのばらつきの尺度）を $\sqrt{n}$ で割った値として見積もることができる．ただし，初めてやる測定の場合は n の数を多くする必要がある．

5.3.2 タイプBの不確かさ

統計的にではなく，それ以外により評価されるタイプBと呼ばれる要因（系統誤差に相当）が該当する．この不確かさは，信頼性レベルの表示がなく，極端な値があるかもしれない状況下で $\pm a$ という範囲が与えられていれば，その標準不確かさは $a/\sqrt{3}$ とする．信頼性レベルの表示がないが，極端な値がないという理由がある場合は，$\pm a$ という範囲が与えられていれば，その標準不確かさは $a/\sqrt{6}$ とする．$\sqrt{3}$ や $\sqrt{6}$ というのは，統計的な分布関数形（矩形分布や三角分布）を仮定している．**図5.2**に分布関数（確率密度関数）の形を示す．信頼性レベルの例は，ガラス体積計の許容誤差（公差）[4]がわかりやすい．これは4章で述べた"かたより"に相当する要因である．巻末資料の**付表1～6**[4]に様々な測定容器の許容誤差に関する一覧を示す．

具体例を挙げてみる．一群の全量ピペットを考える．容量別に仕分けられて洗浄乾燥後にケースに入っており，複数の実験者がこのピペットを日常的に使っているが，特にピペットに起因する異常値が出たという話は聞かない．この

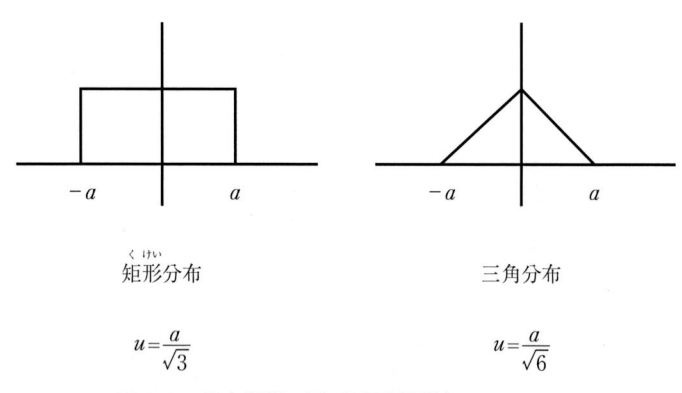

第5章 不確かさの概念と見積もりの考え方

図5.2 分布関数（確率密度関数）
　　　横軸は測定量，縦軸は出現確率を表す

矩形分布（くけい）　　$u = \dfrac{a}{\sqrt{3}}$

三角分布　　$u = \dfrac{a}{\sqrt{6}}$

ピペットを1つ使った場合のタイプBの標準不確かさは$a/\sqrt{6}$と考えられる．

　一方，10本一箱の同じ容量の全量ピペットを購入して，これから初めて使う，という場合には，このピペットを1つ使った場合のタイプBの標準不確かさは$a/\sqrt{3}$と考えられる．

　タイプBの不確かさは，原則として上記の許容誤差のように予想不可能なものを見積もるのに用いる．予測可能であればあらかじめそれを計算であるいは実験的に求めて補正・修正すべきことは言うまでもない．例えば，標準溶液として調製するために用いた無機化合物の純度が，通常より悪かったので調製溶液のタイプBの不確かさを大きめに見積もる，などの考えは避けるべきで，調製溶液を標定して補正すれば，この不確かさ要因は標定の精確さで律速されるので，おそらくはばらつきに比べて非常に小さい値に見積もられる．

5.3.3　各不確かさ要因におけるタイプAとタイプBの合成

　それぞれの不確かさ要因には，程度の差こそあれ，必ず両タイプの不確かさが内在する．両者を合成して，その操作にかかわる標準不確かさを算出する．

例えば，先に例示した全量ピペット（10 cm³）の場合，10回の繰り返し測定における標準偏差が 0.012 cm³，JIS に規定された公差（許容誤差）が 0.02 cm³ とすると，タイプAの標準不確かさは 0.012 cm³，タイプBの標準不確かさは $0.02/\sqrt{3} = 0.012$ cm³，したがって，両者を合成すると $\{\sqrt{(0.012^2 + 0.012^2)}\}$ $= 0.017$ cm³ となる．

最終的に合成後に相対値に変換して，合成標準不確かさとして 0.017 cm³/10 cm³ ＝ 0.0017 と見積もることができる．全量ピペット（10 cm³）を一度使うとこれだけの標準不確かさが数値に付与される，と考えるわけである．測容器の不確かさの度合いについては6章で詳細を述べることにする．

5.4 不確かさを見積もる前にすべきこと

不確かさ要因を機械的にリストアップすることには慎重であるべきで，まずはその基礎理念の理解と操作全般にわたる綿密な検証が肝要である．化学分析操作は物理計測と比較して一般に多岐にわたっており，繰り返しになるが，不確かさ要因を真に認識し得るのは操作を行った分析者自身でしかあり得ないからである．また統計的考察に先立ってまず分析化学的考察を行うことを怠ってはならない．正しくない分析操作から得た測定値群は統計的考察に値しない，ということを肝に銘じていただきたい．

例えば，技能試験にかかわる共同分析などでは，分析値の平均および母集団のばらつき度合いから算出した z スコアによって提出された数値を評価することが多い．

$$z = \frac{|x_i - X|}{s} \tag{5.3}$$

x_i：参加機関のデータ，X：付与された値（平均値やメジアンなどの比較値），s：全結果のばらつきの推定値（標準偏差など）

zスコアの小さい方が良好な分析値として評価される（例えば試験所認定制度における技能試験では$z \leq 2$が満足すべき値とされる[5]）のが常である．ただしこの概念は，平均値が"真の値"に等しいという前提が不可欠である．不適切な分析操作やコンタミネーションなどにより，精度は良好でも真度の低い母集団が発生することは珍しくない．特に機器分析のような相対分析では顕著である．直ちに統計処理を行うのではなく，分析値に潜むかたよりを見いだすだけの洞察力を身に付けることも分析技術者に課せられた課題と言えよう．図5.3にzスコア一覧の例を示す．

筆者が経験した具体例を挙げる．原子スペクトル分析におけるマトリックス（主成分）共存下の微量成分元素の測定では，標準溶液調製の際に，主成分濃度を試料と同程度の濃度になるよう，主成分元素の保存溶液を用いて標準溶液

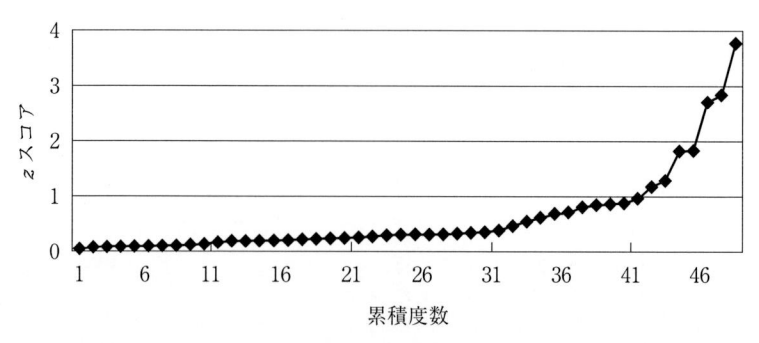

図5.3　水溶液試料中のニッケルの測定に関する共同分析におけるzスコアの一例

の系列に加える（マトリックスマッチングを行う）ことが不可欠である．元素の組み合わせにもよるが，マトリックスと測定元素の比が数百倍になると非スペクトル性のマトリックス干渉は顕著に現れるようになる[6]．**表 5.1** に，三元素を希釈混合して調製した硝酸酸性水溶液（Al：$96\,\mu\mathrm{g\,cm^{-3}}$，Na：$6.1\,\mu\mathrm{g\,cm^{-3}}$，V：$1.5\,\mu\mathrm{g\,cm^{-3}}$）中のナトリウムの定量に関する共同分析結果を示す．55 件の報告のうち，18 件（33 %）ではマトリックスマッチングによる検量線法により定量されていたが，過半数の 37 件（67 %）がマトリックスマッチン

表 5.1 アルミニウムを主成分とする水溶液試料中のナトリウムの測定に関する共同分析結果

	度数	平均	S.D.	RSD（%）
＜全体＞				
マトリックスマッチング有	18	5.94	0.312	5.3
マトリックスマッチング無	37	6.11	0.827	13.5
割合（%）	33			
＜AAS＞				
マトリックスマッチング有	6	5.97	0.424	7.1
マトリックスマッチング無	10	6.16	0.597	9.7
＜Flame-AES＞				
マトリックスマッチング有	3	5.86	0.080	1.4
マトリックスマッチング無	3	5.76	0.156	2.7
＜ICP-AES＞				
マトリックスマッチング有	9	5.94	0.300	5.0
マトリックスマッチング無	24	6.13	0.961	15.7

〔出典；産業技術連携推進会議知的基盤部会分析分科会　第 44 回共同分析研究　第 2 試料　混合溶液（2001）〕

グを行っていなかった．

　測定機器はICP発光分析法，フレーム原子吸光法，フレーム光度法と3法による分析値が報告されているが，いずれもマッチングを行った際は相対標準偏差が低く，数値が小さめになる（マトリックスのAlが増感効果をもたらしている）ことがわかる．しかしこれでzスコアを求めると，マッチングを行わずに求めた値の報告が主流であるので，マッチングを行っていない方のスコアが小さくなり，よって良好な結果と評価される，という不合理が発生することになる．

　もう1つ，別の事例を紹介する．血清試料などの生体関連試料の分析の際に原子スペクトル分析は日常的に用いられる．ICP質量分析法で極微量の銅を測定するとき，ナトリウム，リン，硫黄などが共存すると，銅の2種の同位体（^{63}Cu，^{65}Cu）共に，これらの共存元素がプラズマ内で再結合して生じる多原子イオンのスペクトル干渉を受けることが判明した．

　図5.4に示すように，これは高分解能型ICP質量分析装置での測定で初めて明らかになったが，圧倒的多数で使われている四重極型分析装置では，質量分解能は原則ユニットマスであるため見分けることができない．この現象は測定可能な安定同位体がすべてスペクトル干渉を受けるという事例であるが，やはり共同分析において主流は四重極型ICP質量分析装置であったため，あやうく数値の正のかたよりは見落とされてしまうところであった．

　上述の2つの事例は，分析化学的考察の優先性と重要性を如実に示している．
　したがって不確かさ見積もりのための技法習得の前に，まずは実施した分析手法における，定量値に影響を及ぼす要因についての考察が欠かせない．次に分析値の取り扱いについての統計学的なアプローチを整理することが必要であり，分析技術者にとって親しみやすい解説書[7], [8]などの活用は意義深い．その上で，詳細な不確かさの求め方[9]に進んでいくのがよいのではないか，と筆者は考えている．

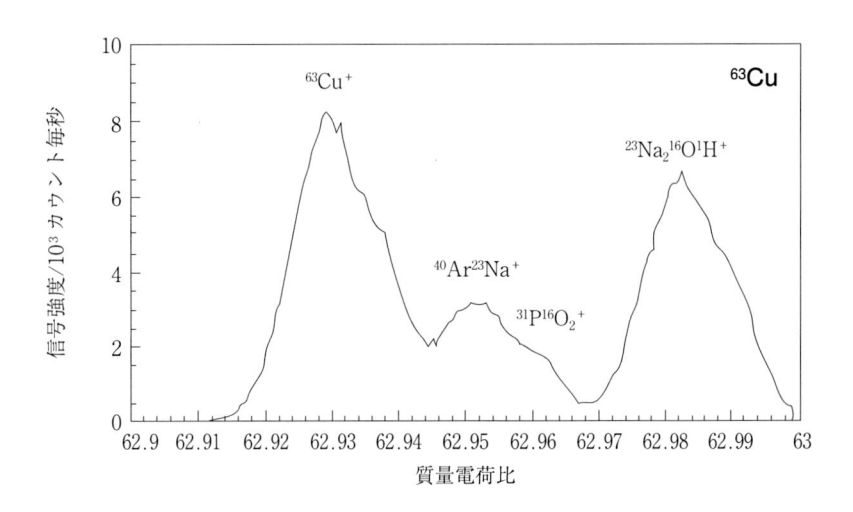

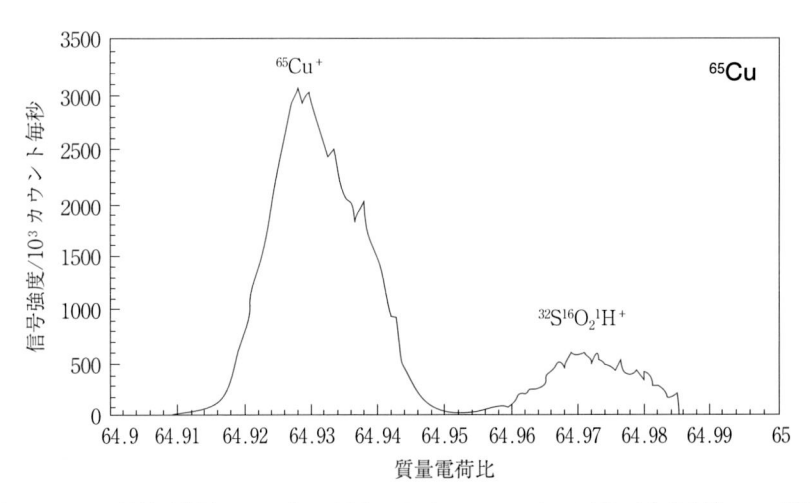

5.4 不確かさを見積もる前にすべきこと

図 5.4 ICP 質量分析法による銅の測定におけるスペクトル干渉（高分解能 ICP 質量スペクトルを示す）

5.5 検定と信頼区間

　共同分析や学生実験など，分析値の報告数が多い場合，その母集団が正規分布（第3章参照）に従うと仮定すると，母集団の約68 %は平均から±1σ以内に分布し，約95 %は平均から±2σ以内，約99.7 %は平均から±3σ以内に分布することが知られている．ここでσは母集団の標準偏差である．正規分布を使って危険率5 %で検定するというのは，この±2σよりも外側にあるかどうかを計算して，意味のある差かどうかを調べることを意味する．真の平均である母平均をμ，母集団数nのデータから得られる標本平均をXとすると，±2σの区間が95 %の信頼区間と呼ばれ，真値が存在する範囲として以下の式で表現される．

$$X-1.96\frac{\sigma}{\sqrt{n}}<\mu<X+1.96\frac{\sigma}{\sqrt{n}} \tag{5.4}$$

　例えば母集団数50のデータの標本平均が38.5 %，標準偏差が0.36とすれば，95 %信頼区間としては
　$38.5-1.96\times0.36/\sqrt{50}<\mu<38.48+1.96\times0.36/\sqrt{50}$
　ゆえに95 %信頼限界としては$\mu=38.5\pm0.1$（%）となる．測定値が正規的に分布し，かつかたよりが無視できる場合は，このような形で数値の信頼性を表現することもある．

5.6 おわりに

　不確かさの考え方を理解するコツは，くれぐれも統計的思考にとらわれないことである．分析化学的・分析技術的観点から，行った分析操作を洗い出して，それぞれの要因に内在する不確かさをまずは考えてみる．一度すべての要因を解析してしまえば，全体の不確かさに影響を及ぼす主要因子がわかるようになる．そうすれば次回以降は，同様の分析を行うときはその要因の見積もりのみを行えばよい．またその主要因子の不確かさを小さくするための工夫を行うこともできる．不確かさの考え方の学習に役立つと思われる，数式のあまり出てこない解説書を紹介して本章をとじる[10]．

参考文献

1) 日本分析化学会編，平井昭司監修：現場で役立つ化学分析の基礎，7章，オーム社，2006．
2) 髙田芳矩：ぶんせき，239 (2001)
3) 日本分析化学会編：分析値および分析値の信頼性—信頼性確率の方法—，p.73，丸善 (1998)．
4) JIS R 3505：1994，ガラス製体積計．
5) 日本分析化学会編：分析所認定ガイドブック，p.22，丸善 (1999)．
6) 上本道久：東京都立産業技術研究所研究報告，8，5-10 (2005)．
7) J. C. Miller and J. N. Miller, 宗森信 訳：データのとり方とまとめ方　—分析化学のための統計学とケモメトリックス—，第2版，共立出版 (2004)．
8) 藤森利美：分析技術者のための統計的方法，第2版，日本環境測定分析協会

(1995).
9) 日本分析化学会編:これから認定を受ける人のための実用分析所認定ガイドブック,丸善(2000),付録(分析化学における不確かさの求め方,Eurachem-CITAC, Second Edition (1999) の邦訳).
10) S. K. Kimothi:The Uncertainty of Measurements, Physical and Chemical Metrology:Impact and Analysis, ASQ Quality Press (2002).

第6章　実際の定量分析における信頼性評価例

　不確かさの考え方がわかってもそれだけでは不十分で，不確かさの見積もりの仕方についても最低限は知らねばならない．最もシンプルなケースについて不確かさの見積もりの具体例を示し，その見積もりプロセスを解説する．

6.1 はじめに

　定量分析において測定した数値（測定値）とは，例えば重量分析においては天秤が示す数値，容量分析（滴定分析）であればビュレットの液面の読み取り値，機器分析であれば検出器の電気信号から換算された数値である．これらの測定値をもとに，真度や精度をはじめとした測定値の信頼性を考慮した上で最終的に妥当な数値を分析値として整理し，分析値を算出して提示するのは分析者の仕事である．それには不確かさという信頼性表現を付記するのが原則である．また試料処理過程で試薬との化学反応を伴う場合には，化学量論的に試薬を加えるための数値計算が必要である．このように，定量分析では実に多くの数値を取り扱う．

　本章では，測定値を分析値として整理していくために必要な最低限の事項を説明し，不確かさの具体的な見積もり事例として解説を進めていきたい．

6.2 定量分析において取り扱う数値

　一連の定量分析操作において取り扱う数値として何があるか，ここで網羅的に列挙してみたい．典型的な分析手順として，銅板中の微量亜鉛を，酸溶解後にICP発光分析法を用いて定量する事例を解説する．上記事例では，図6.1

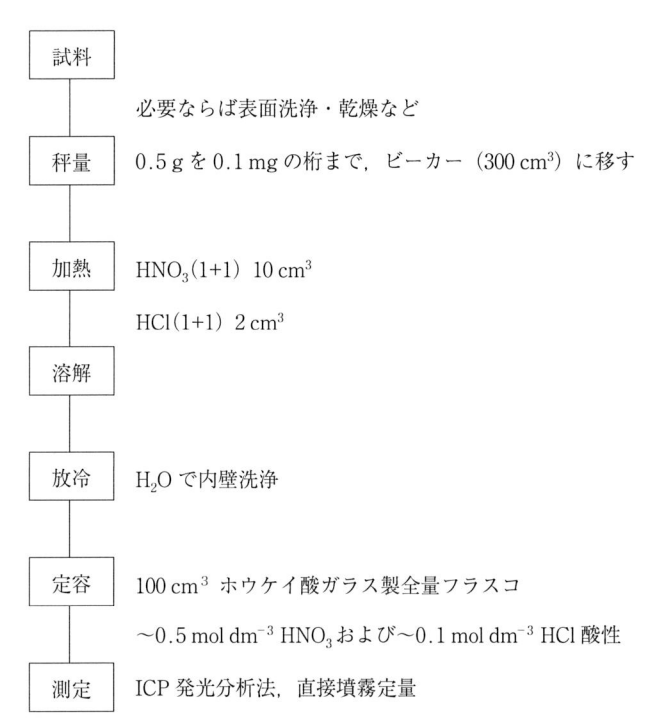

```
試料
 │   必要ならば表面洗浄・乾燥など
秤量
     0.5 g を 0.1 mg の桁まで，ビーカー（300 cm³）に移す
 │
加熱
     HNO₃(1+1) 10 cm³
     HCl(1+1) 2 cm³
溶解
 │
放冷
     H₂O で内壁洗浄
 │
定容
     100 cm³ ホウケイ酸ガラス製全量フラスコ
     〜0.5 mol dm⁻³ HNO₃ および〜0.1 mol dm⁻³ HCl 酸性
測定
     ICP 発光分析法，直接噴霧定量
```

図 6.1 ICP 発光分析法による銅板中微量亜鉛の定量分析のフローチャート

に示す操作により試料の前処理および測定を行うのが一般的である．

6.2.1 試料の秤量における数値

　試料の秤量：セミミクロ天秤で 0.5 g 程度秤量する．セミミクロ天秤の測定桁は通常は 0.1 mg であるから，有効数字は 4 桁得られる．1 g 以上取れば 5 桁確保できることになるが，不確かさは通常は相対値で評価するので，1.0 g を越えると急に信頼性が向上するわけではない．

6.2.2 酸による溶解における数値

塩酸あるいは硝酸のどちらを使用してもよいが，実試料の場合は不溶解残渣をできるだけ少なくする目的で両者の混酸が用いられることが多い．溶解後，一定の酸濃度の溶液を調製するためには，まず濃酸のモル濃度を知ることが不可欠である．ここでは硝酸を主体とした混酸を考える．

使用する濃塩酸の質量分率が 36 % で，密度が約 1.18 g cm^{-3}（20℃）[1] の場合（これらは一般的な市販品が持つ数値である），塩酸のモル質量は 36.46 g mol^{-1} であるから，質量モル濃度 m（mol kg^{-1}）は以下のように計算される．なお，濃度の換算過程の詳細は 7 章で解説する．

$$m = \frac{36}{36.46} \times \frac{1000}{(100-36)} = 15.4 \qquad (6.1)$$

さらにモル濃度 C（mol dm^{-3}）は以下のとおりである．

$$C = \frac{10 \times 1.18 \times 36}{36.46} = 11.7 \qquad (6.2)$$

市販濃硝酸（比重 1.38）の多くは質量分率 60–61 % で，密度は約 1.37 g cm^{-3}（20℃）[1] である．硝酸のモル質量は 63.01 g mol^{-1} であるから，質量モル濃度 m（mol kg^{-1}）は以下のように計算される．

$$m = \frac{61}{63.01} \times \frac{1000}{(100-61)} = 24.8 \qquad (6.3)$$

さらに物質量（モル）濃度 C（mol dm^{-3}）は以下のとおりである．

$$C = \frac{10 \times 1.37 \times 61}{63.01} = 13.3 \tag{6.4}$$

　金属試料の溶解時には，等体積の水で2倍に希釈した溶液（$HNO_3(1+1)$ などと記される）を使用することが多い．酸は希釈時にプロトンの著しい水和により体積が少なからず減少するので，酸濃度は，厳密には希釈後に中和滴定などで定量するか，その濃度での密度を文献より調べて決定すべきであるが，ここでの「$(1+1)$ 希釈」溶液は，便宜上濃酸の濃度の1/2として取り扱う．ちなみに濃硝酸を等体積の水で希釈すると，質量分率は濃硝酸と純水の密度より 35.3 % と計算され，そのときの溶液の密度は文献[1]より約 $1.22\,\mathrm{g\,cm^{-3}}$（20 ℃）であるから，「$(1+1)$ 希釈」溶液の実際の濃度は

$$C' = \frac{10 \times 1.22 \times 35.3}{63.01} = 6.83 \tag{6.5}$$

と計算され，濃酸の1/2の濃度（13.3/2 = 6.65）より体積減少の分だけ高くなることがわかる．

　次に知るべきは，試料の溶解過程で消費される酸のモル数の見積もりである．銅 0.5 g 中の Cu のモル数 n は

$$n = \frac{0.5}{63.55} = 7.87 \times 10^{-3} \tag{6.6}$$

であり，中性の金属が二価の陽イオンになるときにはその2倍量のプロトンを必要とするから，溶解に必要な酸のモル数は簡単に計算できる．$0.5\,\mathrm{mol\,dm^{-3}}$ の酸性溶液（$100\,\mathrm{cm^3}$）として調製するために必要な硝酸の量は，硝酸（$1+1$）の体積 v に換算して，以下のように計算される．この計算過程も7章で詳しく解説する．

$$\frac{13.3}{2} \times \frac{v}{1000} = 2n + 0.5 \times \frac{100}{1000} = 6.57 \times 10^{-2}, \quad v = 9.9\,\mathrm{cm}^3 \qquad (6.7)$$

塩酸（1+1）を加えて 0.1 mol dm^{-3} とするには同様に $v' = 1.7\,\mathrm{cm}^3$ と計算される．酸溶液のサンプリングはメスピペットかメスシリンダーで行うが，最近では容量可変型で比較的容量の大きい（～10 cm^3 までサンプリングできる）ピペッターと呼ばれる機械式のプッシュボタン式体積計が便利である．ここでは全量ピペットなどを用いた精確な秤取を行う必要がないのは明白である．

調製後の酸濃度は一見分析値に直接関連しそうにないが，試料および標準溶液の酸濃度のミスマッチやそれらのばらつきは，測定値のバイアス要因や検量線のばらつきの要因となるので，標準溶液への添加も含めてあらかじめ計算した上で添加量を決定することが肝要である．この試料の場合は易溶であるため加熱による酸の揮散は無視しているが，溶解速度の遅い試料や有機物を含む試料の場合は上記のように単純添加ではなく，濃縮や乾固処理の後で酸を規定量添加して調製する．

6.2.3 定容操作における数値

ガラス製全量フラスコを用いて，標線まで水を入れて所定の体積（100 cm^3）の溶液を調製する．測容器（体積計）を用いる場合は，繰り返し性に起因するタイプAの不確かさと測容器の許容誤差（公差）に起因するタイプBの不確かさを知っておく必要がある．タイプAの標準不確かさは，繰り返し（10回以上）純水を計り取りその質量を測定し，秤量時の温度における純水の密度より体積に換算することで標準偏差を求め，標準不確かさとして見積もる．

このタイプAの不確かさは，実験者の熟練度にも深く関係するため，実験者自身が操作し，かつ評価しなければならない．タイプBの不確かさは測容器の許容誤差（公差）を使って見積もるが，測容器には，付表に示すとおりク

ラス A とクラス B があり，後者は前者の 2 倍の不確かさである[2]．

6.2.4 標準溶液の希釈調製における数値

　標準溶液は高純度金属（亜鉛の場合は 99.99％の容量分析用標準物質が市販されている）を溶解して調製するが，標準液が市販されている場合はそれを利用してもよい．溶解調製した溶液または市販品のどちらを使うにせよ，保存溶液からその一部をビーカーなどに取り出して，全量ピペットで精確にサンプリングする．サンプリングした保存溶液を全量フラスコに移して酸を加えて定容にすることで，所定の酸濃度の希釈溶液を調製する．このときも前項と同様に体積計を用いるので，希釈調製の不確かさについて考慮することが重要である．

6.2.5 ICP 発光分光での測定における数値

　一群の標準溶液を ICP 発光分析装置に導入して，その一定量がプラズマに導入されていることを確認した上で発光強度を複数回測定する．1 次回帰直線として検量線を描き，相関係数 r が 1 に近い（通常は $r \geq 0.99$ となるはずである）ことを確認する．続いて試料溶液を導入し，その発光強度から濃度を計算する．ブランク溶液についても同様に測定する．両溶液とも複数回測定する．

6.2.6 データ整理における数値

　試料溶液およびブランク溶液中の亜鉛濃度（$\mu g\ cm^{-3}$）の平均値 A_1 および A_2 より，固体試料（w g）中の亜鉛の含量を求める．上記操作から明らかなように，質量分率（％）で表した試料中の含量 C_{Zn} は以下のとおりである．

$$C_{Zn} = \frac{(A_1 - A_2) \times 100 \times 10^{-6}}{w} \times 100 \qquad (6.8)$$

　最も単純と思われる上記の無機定量分析操作においても，多くの数値を取り

扱わなければならないことがおわかりいただけるであろう．その中で，それぞれどの程度の信頼性のある計測が必要かを，実験者は個々に判断する必要がある．次項では上記手順中の数値の信頼性についての評価の1つとして，標準不確かさの見積もり例を示す．

6.3 分析手順に関する標準不確かさの見積もり例

6.3.1 試料の秤量における不確かさの見積もり

電子天秤の場合は，まず標準分銅による校正を行った方がよい．秤量値の不確かさに関しては，まず分銅に付属する校正証明書に記載の不確かさがあり，秤量時の温度，浮力，重力に起因する不確かさ要因があるが，後者については成書[3]や解説記事[4]に詳しく説明されているのでそちらを参照されたい．温度変化は重要な不確かさ要因なので，センサーと校正用内蔵分銅による自動校正を行う機種も少なくない．それらの総合的な信頼性指標として，天秤の仕様で直線性などの数値が表示されていることも多いので，それを使って，例えば直線性が±0.2 mgとあればその不確かさ範囲は矩形分布を仮定して$\sqrt{3}$で割った値を標準不確かさとすることができる．

$$u\,(SD) = 0.0002/\sqrt{3} = 0.00012 \qquad (6.9)$$

ここで矩形分布というのは5章で解説した確率分布の1つである．0.5023 g秤量したとすれば，相対値に変換して以下のように見積もることができる．

6.3 分析手順に関する標準不確かさの見積もり例

$$u(RSD) = 0.00012/0.5023 = 0.00024 \qquad (6.10)$$

秤量操作ではタイプAの不確かさは大きくないと推察される．化学天秤で散見した分銅やラダーの数え違いは，数値表示の電子天秤では見られなくなったためである．その代わりに，ノートに記録したりプリントアウトしたりせずに，数値を暗記してデシケーターを抱えて実験室に戻る者がいることが挙げられ，タイプAの不確かさとなり得るわけであるが，もちろんこれは論外である．

6.3.2 定容や希釈操作における不確かさの見積もり

測容器（体積計）を使用することによる不確かさの見積もりは，比較的容易である．**表6.1**に4種の全量ピペットと3種の全量フラスコの具体例を示す．①タイプAの不確かさに関して，各々の測容器で純水を繰り返し（10回以上）計り取り，秤量びんに移し入れて電子天秤でその質量を測定する．その際温度計を天秤のそばに置き，純水を入れた容器と温度計が熱平衡にあることを確認した上で温度をはかる．純水の密度を文献より調べ，体積に換算する（表6.1参照）．標準偏差より繰り返し性に起因する標準不確かさを見積もる．②タイプBの不確かさに関して，測容器の許容誤差（公差）に起因する標準不確かさを見積もる．③前二者を加味した合成標準不確かさを算出する．

表6.2に，頻用する容量の全量ピペットおよび全量フラスコの不確かさの見積もりに関する実測例を示す．タイプBの見積もりには，JIS R 3505 に規定されたガラス体積計の許容誤差（公差）の一覧[2]を用いた．なお公差にはクラスAの体積計の数値を用いた．

また参考までに，アルカリ溶液やフッ酸溶液など，ガラス体積計を用いることができない場合に便利なPP樹脂（ポリプロピレン）製およびPMP樹脂（ポリメチルペンテン）製全量フラスコについて測定してみた結果も示した．樹脂製フラスコの公差は規定されていないので，ガラス体積計の値を使用して

第6章 実際の定量分析における信頼性評価例

表6.1 全量ピペットのタイプAの不確かさ見積もりに関する実測値の例

回数	1 ml 全量ピペット		2 ml 全量ピペット		3 ml 全量ピペット		5 ml 全量ピペット		10 ml 全量ピペット	
	水の重量/g	温度 T/℃	水の重量/g	温度 T/℃	水の重量/g	温度 T/℃	水の重量/g	温度 T/℃	水の重量/g	温度 T/℃
1	0.9973	25.9	2.0062	25.9	2.9938	25.9	4.9753	25.9	9.9645	25.9
2	0.9981	25.9	2.0084	25.9	2.9828	25.9	4.9758	25.9	9.9570	25.9
3	0.9973	25.9	2.0065	25.9	2.9882	25.9	4.9691	25.9	9.9585	25.9
4	0.9984	25.9	2.0110	25.9	2.9993	25.9	4.9755	25.9	9.9616	25.9
5	0.9992	25.9	2.0023	25.9	2.9854	25.9	4.9798	25.9	9.9546	25.9
6	0.9976	25.9	2.0042	25.9	2.9889	25.9	4.9733	25.9	9.9524	25.9
7	0.9971	25.9	2.0005	25.9	2.9862	25.9	4.9845	25.9	9.9643	25.9
8	1.0001	25.9	2.0052	25.9	2.9865	25.9	4.9755	25.9	9.9594	25.9
9	1.0068	25.9	2.0054	25.9	2.9871	25.9	4.9889	25.9	9.9479	25.9
10	0.9959	25.9	2.0026	25.9	2.9895	25.9	4.9951	25.9	9.9668	25.9

計算した．なお，体積の平均値の欄の数字は不合理に桁数が多いが，計算過程としてあえてそのままにした．また，体積の単位としては cm^3 と ml は同義であるが，原則は SI 準拠の cm^3 で表記し，ガラス製体積計については，常用される ml で表記することとした．

表6.2より，両タイプの標準不確かさ共，容量に比例的に変化するわけではないことがわかる．また不確かさは相対値で表現するのが常であるから，容量

6.3 分析手順に関する標準不確かさの見積もり例

表6.2 全量ピペットおよび全量フラスコの不確かさの見積もり

全量ピペットの容積 /ml	体積の平均値 /ml	タイプAの不確かさ（標準偏差） /ml	許容誤差 /ml	タイプBの不確かさ（許容誤差）/$\sqrt{3}$ /ml	合成標準不確かさ /ml	相対合成標準不確かさ
1	1.002	0.0031	0.01	0.0058	0.0066	0.0066
2	2.0117	0.0031	0.01	0.0058	0.0066	0.0033
3	2.9984	0.0047	0.015	0.0087	0.0099	0.0033
5	4.9953	0.008	0.015	0.0087	0.0118	0.0024
10	9.9908	0.0059	0.02	0.0115	0.0130	0.0013

全量フラスコの容積 /ml	体積の平均値 /ml	タイプAの不確かさ（標準偏差） /ml	許容誤差 /ml	タイプBの不確かさ（許容誤差）/$\sqrt{3}$ /ml	合成標準不確かさ /ml	相対合成標準不確かさ
25	24.9874	0.0204	0.04	0.0231	0.0308	0.0012
50	50.0284	0.0206	0.06	0.0346	0.0403	0.0008
100	99.9985	0.0221	0.1	0.0577	0.0618	0.0006
100（PP樹脂製）	100.5158	0.0233	0.1	0.0577	0.0623	0.0006
100（PMP樹脂製）	100.6856	0.0349	0.1	0.0577	0.0675	0.0007

注；樹脂製全量フラスコの許容誤差はガラス体積計と同じと仮定した．

が小さい体積計は精確さの観点からは好ましくないこともわかる．さらに，特に 1 ml の全量ピペットや 25 ml の全量フラスコは不確かさが大きいこと，樹脂製の全量フラスコはガラス製と遜色ない不確かさである（メーカーにもよるが）ことも読み取れる．

小体積のサンプリングに関して不確かさが大きいことに関連して言及すると，例えば，プッシュボタン式液体用微量体積計（マイクロピペット）で 0.1 ml 採取して 1 L の全量フラスコに移し，定容として 1 万倍に希釈した，などという記述も最近は散見する．微少体積の液体のサンプリング・注入における損失のリスクもあり，上記不確かさの観点からも信頼性が極端に低くなることは自明である．大過剰希釈は何段階かに分けて行うのが原則である．10 ml の全量ピペットと 100 ml の全量フラスコを用いて試料を 10 倍に希釈したとすれば，それぞれの体積計を一度ずつ使うので，この希釈に伴う合成標準不確かさは，図 6.2 に例示するように

$$u_c\,(RSD) = \sqrt{(0.0017^2 + 0.00077^2)} = 0.0019 \qquad (6.11)$$

と見積もることになる．各測容器の不確かさの数値が若干異なるのは，タイプ A の標準偏差の実測値が測定のたびに少し異なるためである．

6.3.3 市販標準液の不確かさの見積もり

市販標準液の場合，$1{,}000\ \mu g\ cm^{-3}$ に対して国産品で通常は $\pm 6\ \mu g\ cm^{-3}$ の，海外品は $\pm 2{-}3\ \mu g\ cm^{-3}$ の不確かさが付いているので，体積計同様に矩形分布を仮定して，国産品ならば以下の標準不確かさを用いることができる．

$$u\,(SD) = 6/\sqrt{3} = 3.5 \qquad (6.12)$$

自作調製の場合は，試料の溶解調製操作に準じて見積もる．
$1{,}000\ \mu g\ cm^{-3}$ の標準原液を，検量線作成のために次の 4 段階で 10,000 倍

6.3 分析手順に関する標準不確かさの見積もり例

全量（ホール）
ピペット 10 ml

全量（メス）
フラスコ 100 ml

$u_c\,(RSD) = 0.0017$

$u_c\,(RSD) = 0.00077$

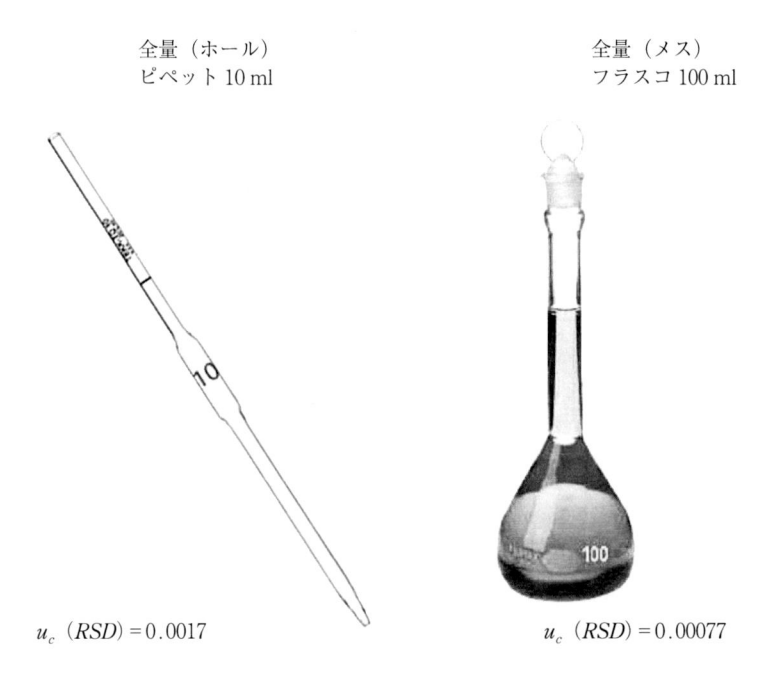

10 ml 採取して 100 ml にメスアップ→10 倍希釈
$u_c\,(RSD) = \sqrt{(0.0017^2 + 0.00077^2)} = 0.0019$

図 6.2 10 ml の全量ピペットと 100 ml の全量フラスコを使用して 10 倍希釈溶液を調製した際の相対合成標準不確かさ

に希釈したとする．

1 段階；1,000 µg cm^{-3} → 100 µg cm^{-3}
　　　（10 ml の全量ピペット／ 100 ml のメスフラスコ）
2 段階；100 µg cm^{-3} → 5 µg cm^{-3}

　　　　　　　（5 ml の全量ピペット／100 ml のメスフラスコ）
3 段階；5 µg cm^{-3}　　　→　　0.5 µg cm^{-3}
　　　　　　　（10 ml の全量ピペット／100 ml のメスフラスコ）
4 段階；0.5 µg cm^{-3}　　→　　0.1 µg cm^{-3}
　　　　　　　（20 ml の全量ピペット／100 ml のメスフラスコ）

　タイプ A の不確かさに関して，第 5 章で示したように，各々の測容器で繰り返し（10 回以上）純水を計り取り，その質量を測定する．純水の密度より体積に換算し，繰返し性に起因する標準不確かさを見積もる．タイプ B の不確かさとして，測容器の許容誤差に起因する標準不確かさを見積もる．前二者を加味した合成標準不確かさを算出する．測容器の合成標準不確かさの算出結果を**表 6.3** に示す．ゆえに，希釈操作に関する合成不確かさは**表 6.4** のように算出される．

　以上より，10×20×10×5＝10,000 倍希釈の結果として次の合成不確かさを導くことができる．

$$u_c = \sqrt{(0.0019^2 + 0.0021^2 + 0.0019^2 + 0.0019^2)} = 0.0039\ (RSD) \quad (6.13)$$

6.3.4　ICP 発光分析法による測定における不確かさの見積もり

　測定による不確かさの要因としては，測定の繰り返し性や検量線の直線性などが挙げられる[5), 6)]．機器分析において最も一般的な検量線法による相対分析における見積もり例を**表 6.5** に示す．ここでは数値を単純に代入して，測定値 0.254 µg cm^{-3} に対して不確かさとして 0.0113 µg cm^{-3} と計算されたとする．

　最終的な合成標準不確かさの見積もりは，以下のとおりである．

　検量線による測定値が 0.254 µg cm^{-3} であるから，

6.3 分析手順に関する標準不確かさの見積もり例

表 6.3 測容器の合成標準不確かさの見積もり

器具	タイプAの不確かさ 標準偏差	タイプBの不確かさ (許容誤差)/$\sqrt{3}$	相対合成標準不確かさ u_c
5 ml WP	0.0048	$0.015/\sqrt{3}=0.0087$	$\{\sqrt{(0.0048^2+0.0087^2)}\}/5$ $=0.0020$
10 ml WP	0.012	$0.02/\sqrt{3}=0.012$	$\{\sqrt{(0.012^2+0.012^2)}\}/10$ $=0.0017$
20 ml WP	0.03	$0.03/\sqrt{3}=0.017$	$\{\sqrt{(0.03^2+0.017^2)}\}/20$ $=0.0017$
100 ml MF	0.05	$0.1/\sqrt{3}=0.058$	$\{\sqrt{(0.05^2+0.058^2)}\}/100$ $=0.00077$

表 6.4 4段階の希釈操作における合成標準不確かさ

希釈操作	u_c (RSD)
1段階（10倍希釈）	$\sqrt{(0.0017^2+0.00077^2)}=0.0019$
2段階（20倍希釈）	$\sqrt{(0.0020^2+0.00077^2)}=0.0021$
3段階（10倍希釈）	$\sqrt{(0.0017^2+0.00077^2)}=0.0019$
4段階（5倍希釈）	$\sqrt{(0.0017^2+0.00077^2)}=0.0019$

4段階の希釈により，計 10,000 倍に希釈したとすれば，
$u_c=\sqrt{(0.0019^2+0.0021^2+0.0019^2+0.0019^2)}$
$=0.0039$ (RSD)

第6章 実際の定量分析における信頼性評価例

表6.5 検量線法による相対分析における不確かさの見積もり

・被測定物質濃度 x,信号強度 y,
・検量線 $y=ax+b$ (a と b は最小二乗法にて決定)
・標準液測定点数 n,試料溶液の繰り返し測定 m 回
・x および y の平均値:x_{ave}, y_{ave}
　残差標準偏差の平方 s_y^2:$s_y^2 = \Sigma\{(ax_i+b)-y_i\}^2/(n-2)$
　通常の検量線法で計算した試料濃度 x_A および信号強度 y_A に対応する $u(x_A)$ の二乗は
$(u(x_A))^2 = s_y^2/a^2[1/m+1/n+(y_A-y_{\mathrm{ave}})^2/a^2\Sigma(x_i-x_{\mathrm{ave}})^2]$

本例では,測定値 $0.254\,\mu\mathrm{g\,cm^{-3}}$ に対して
$u(x_A)=u_{C4}=0.0029\,\mu\mathrm{g\,cm^{-3}}$ と計算されたとする.

定量値;

$$Cs = 0.254 \times 100/0.5023 = 49.8\,\mu\mathrm{g\,g^{-1}} \tag{6.14}$$

ゆえに,定量値の合成標準不確かさ(相対値)は,それぞれの不確かさ要因を合成していくことになる.

(1) 秤量に関する相対標準不確かさ

$$u_{c1,r} = 0.00012/0.5023 = 0.00024 \tag{6.15}$$

(2) 溶解後の定容操作に関する相対標準不確かさ

$$u_{c2,r} = 0.077/100 = 0.00077 \tag{6.16}$$

(3) 標準液に関する相対標準不確かさ

6.3 分析手順に関する標準不確かさの見積もり例

$0.1\,\mu g\,cm^{-3}$ の標準液調製に関わる不確かさは以下の通りである．

$$u_{c3,r} = \sqrt{\left(\frac{3.5}{1000}\right)^2 + 0.0039^2} = 0.0052 \tag{6.17}$$

0.1，0.2，0.4 $\mu g\,cm^{-3}$ の3種の標準液調製のうち，最も希釈率の高い低濃度溶液の不確かさが最も大きいと考えられる．よって0.0052を標準液調製における相対合成標準不確かさとする．

(4) 検量線法による測定に関する相対標準不確かさ

$$u_{c4,r} = 0.0029/0.254 = 0.0114 \tag{6.18}$$

これら4つの要因を合成して，

$$u_{c,r} = \sqrt{0.00024^2 + 0.00077^2 + 0.0052^2 + 0.0114^2} = 0.013 \tag{6.19}$$

$$u_c = 0.013 \times 49.8 = 0.65 \quad \mu g\,g^{-1} \tag{6.20}$$

拡張不確かさは，包含係数を2として

$$U = 0.65 \times 2 = 1.3 \quad \mu g\,g^{-1} \tag{6.21}$$

以上より，試料中の金属元素Mの分析値として

$$49.8 \pm 1.3 \quad \mu g\,g^{-1}$$
$$= 50 \pm 1 = (5.0 \pm 0.1) \times 10^1 \quad \mu g\,g^{-1} \tag{6.22}$$

と見積もることができた．2％程度の *RSD* なので，ICP発光分析としては妥当な数値であろう．前章で示したように，不確かさには必ず主たる要因とそうではない要因がある．主たる要因の和が全体の90％以上になれば，残りの要因はすべて無視しても差し支えない．したがって一度それを把握してしまえば，次回から同じ操作を行う際は，不確かさを主に支配する要因の見積もりだけから分析操作全体の不確かさを評価しても差し支えない．

参考文献

1) V. M. M. Lobo and J. L. Quaresma：Handbook of Electrolyte Solutions, Part B, Physical Science Data 41, Elsevier（1989）.
2) JIS R 3505：ガラス製体積計，日本規格協会（1994）.
3) 日本分析化学会編，平井昭司監修：現場で役立つ化学分析の基礎，1章，オーム社（2006）.
4) 宮下文秀：ぶんせき，No.1, 3（2008）.
5) フレーム原子吸光分析における不確かさの見積もり，島津アプリケーションニュース，No.A312（2000）.
6) JNG320S1001：JNLA 不確かさの見積もりに関するガイド（浸出性能試験），製品評価技術基盤機構 認定センター（2007）.

第7章　濃度について

　定量分析化学においては濃度を測定する．当たり前に使用している「濃度」について，もう一度基本に立ち返ってその定義を確認し，複数の濃度単位の相互換算のやり方を確実なものにしていただきたい．

7.1 はじめに

　定量分析とは，試料中の物質の存在量を調べる行為である．すなわち濃度を求める行為である．分析値の信頼性を考えることは，端的には濃度として表された数値の妥当性を検討することである．濃度の概念やその単位，および複数の単位の相互換算について知ることは分析値の信頼性の評価に不可欠である．

　濃度とは，混合物においてある成分が全体に占める割合（比率）を指す尺度と考えてよい．すなわち混合物の組成を表すものである．広辞苑によれば，濃度は「溶液や混合ガスの一定量中に存在する各成分の量の割合」とある．本章では，日常的に用いるこれらの用語の定義をまず解説し，濃度の単位およびそれらの相互換算へと話を進める．

7.2 用語の定義

　濃度の説明で登場した溶液（solution）とは，2種類以上の物質から成る均一な混合物を指す．2成分以上の固体および気体混合物（混合気体）も含めて英語ではすべて solution である[1]が，日本語では通常は液体状態のものを指し，固体の時は固溶体（solid solution）と言う．例えばステンレスや真ちゅうなどの合金や空気も solution であるが，日本語ではそれぞれ固溶体および気体混合

物と表現される．溶液の構成要素として，溶媒と溶質がある．溶質を溶かす媒体となる物質を溶媒（solvent）と言い，溶媒に溶かす物質を溶質（solute）と言う，などと禅問答的記載のある用語辞典もあるが，厳密に定義されているわけではない．

　通常は，ある主要成分を溶媒と呼び，その他の成分を溶質と呼ぶ．液体状態では，固体や気体が液体に混ざって溶液を構成する場合はその液体を溶媒と言い，液体と液体が溶液を作る場合は多量に存在する方を溶媒と見なすことが多い．固溶体でも気体混合物でも同様である．例えば塩化ナトリウム水溶液の場合，水が溶媒で塩化ナトリウムが溶質であることはいうまでもない．溶質が多成分でも同様である．

　濃度とは試料中のある物質の存在量を指すが，無機分析では固体試料は溶解調製して液体状態で測定を行うことが多いので，溶液中の溶質の存在量と言い換えてもそれほど不都合はない．何を試料の単位とするか，また物質の存在量としてどういう単位を用いるか，で濃度の単位が決まることになる．質量，体積，個数（物質量）などの単位を選択して濃度の単位ができ上がる．すなわち，

　　　濃度＝（物質の存在量）／（試料）

これらの単位は，SIと呼ばれる国際単位系に準拠するのが第一選択である．

7.3

濃度の単位

7.3.1　分率

　溶液（溶質＋溶媒）中の溶質の割合を分率（fraction）と言う．分率には質

第7章 濃度について

量分率（mass fraction），体積分率（volume fraction），および物質量分率（amount-of-substance fraction）がある．最後者は今まではモル分率（mole fraction）と呼ばれてきたが，質量分率をキログラム分率と言わないのであるから，モル分率は物質量分率という語として使うべきである．IUPACにおける新しい単位系の解説書[2]および改正まもない化学分析の通則に関するJIS[3]にも物質量分率という語は明記されている．

　表記の仕方としては，例えば質量分率0.10，質量分率10 %，10 %（質量分率）などとする．重量％や質量パーセントなどの語の使用のみならず，10 %（m/m）や10パーセント（質量）などと表記してもいけない．「質量分率」と明示することが必要である．これらは単位のない無次元量であるため，単に数字の後に記載すると何の分率かわからなくなる．黙示的には質量分率と読み取るケースが多いが，一連の記載の始めに，あるいは表などでは欄外に，何の分率としての％かを明記することを忘れてはならない．

　したがって，溶質の質量，体積，物質量を m_1, v_1, n_1，溶媒の質量，体積，物質量を m_2, v_2, n_2 とするとそれぞれの分率を表す式は以下のとおりとなる．

　　質量分率；$m_1/(m_1+m_2)$
　　体積分率；$v_1/(v_1+v_2)$
　　物質量分率（モル分率）；$n_1/(n_1+n_2)$

　なお，％（percent）は百分の一（0.01）という意味でしかない．また‰（パーミル，per mill）は千分率である．これら二者以外の無次元の比率を表す記号は原則使わない，というのがIUPAC[2]，ISO[4]およびJIS[5]の見解である．しかしながら，分析技術者にとって馴染みの深い，経済産業省が定める計量法では**表7.1**に示す単位を使用することとされている．法定関係での分析などで計量法を順守しなければならない場合には，やむを得ず，質量百万分率（ppm）などこれらの単位の使用が認められるが，考え方としてはISOやJIS

7.3 濃度の単位

表7.1 計量法で規定された濃度に関する法定計量単位

- モル毎立方メートル
- モル毎リットル
- キログラム毎立方メートル
- グラム毎立方メートル
- グラム毎リットル
- 質量百分率，質量千分率，質量百万分率，質量十億分率，質量一兆分率，質量千兆分率
- 体積百分率，体積千分率，体積百万分率，体積十億分率，体積一兆分率，体積千兆分率
- ピーエッチ

に代表される見解を尊重すべきである．

また，分率は原則として同じ種類の単位を用いて表現する．無次元量であっても，これらは具体的に $\mu g/g$, cm^3/m^3, $mmol/mol$ などと表してもよい．

7.3.2 物質量（モル）濃度

所定体積の溶液中の溶質の物質量をモルで表した単位が物質量濃度 (amount-of-substance concentration) で，単位は mol/dm^3 (mol/L) である．モル濃度 (molarity) とも言い，単位を記号 M で表すことも行われるが，これらはもはや時代遅れで使うべきではないとの指摘もある[6]．記号 M は SI でも認められていない．固体試料を溶解したり，保存標準液を希釈混合したりする際は測容器を用いて体積調製することが常なので，物質量（モル）濃度は，調製後の溶液中に含まれる物質量を表現する，濃度として最も一般的な単位である．微量成分の場合はモルの代わりに質量を用いて，質量濃度が用いられる

ことが多い．無機分析の場合は測定対象元素として g/mL，pg/cm^3 などと表記される．これは密度と同じ次元量であり，バルク材料であれば質量体積比としての材料の密度（比重）を表すことになる．

　質量（モル質量で換算すれば物質量）と体積を用いて濃度を表現するのは，別の観点からも理がかなっている．我々は三次元空間に生きていて，手に取るときは物の存在をその大きさと重さで，すなわち密度で暗黙の内に判断している．質量と体積は我々の普段の基本認識の中にある．金塊や鉛板を手渡されると思わず落としそうになり驚くのは，その密度が頭で想像できる範囲を超えているからであろう．

7.3.3　質量モル濃度

　溶媒 1 kg 中の溶質の物質量をモルで表した単位が質量モル濃度（molality）である．こちらは今のところ，「質量物質量濃度」とする用語定義は見られない．

　物質量濃度との大きな相違は，単位溶液中ではなく単位溶媒中の物質量を表すことである．国際単位系（SI）では，溶媒 1 kg 中の溶質のモル数すなわち mol/kg を表す．質量モル濃度は溶媒と溶質の物質量（モル）比を表すと考えてよい．水溶液の場合，水のモル質量は 18.0 g/mol なので，1000/18.0＝55.5 mol となり，水 55.5 モルに対して溶質が何モル存在するかを表すことになる．質量と物質量（モル）は体積と異なり不変なので，計算しやすい濃度単位と言える．

　例えば，塩化ナトリウムとショ糖の水への溶解度は，20℃の水 100 g 当たりそれぞれ 35.9 g と 204 g で，質量としては大きく異なるが，質量モル濃度に換算するとどちらも 6.0 mol/kg となり，水約 9 分子に対して 1 分子（NaCl では Na^+ と Cl^-）が飽和溶液を構成していることが理解できる．沸点上昇や凝固点降下などの束一的性質の評価にも質量モル濃度は便利である．

一定量の溶質と溶媒が混合して溶液を構成しているとき，溶質と溶媒の性質によらず以下の基本概念は成立することをまとめておく：
◎物質量（モル数）の総数は変わらない
◎溶液の質量は変わらない
◎溶液の体積は変化する

7.4 国内外の規格における濃度単位

表7.2に物質量，体積，質量のそれぞれの割合で表現した単位の一覧を示す[6]．表中の各単位は式の中でいろいろなギリシャ文字で表現されているが，引用文献に従ったまでで，一般的な呼称として理解する必要はないことを付け加えておく．各単位が表現する実質的な意味を考えていただければ幸いである．

SIの国際文書[4]では，濃度の単位としては上記3種の分率，物質量濃度および質量濃度が規定されている．またIUPACでは，表7.3に示す濃度が規定されているが，数濃度と言う，溶質をモル数ではなく実数で数える単位も加えられているのが特徴的である．JISでは，K 0211「分析化学用語（基礎部門）」[7]で上記3種の分率，物質量（モル）濃度および質量モル濃度が規定されているが，新しいJISであるK 0050「化学分析方法通則」ではISOと同様，上記3種の分率，物質量濃度，および質量濃度が規定されている．

第7章 濃度について

表7.2 物質量，体積，質量それぞれの割合で表現した単位[6)]

		数式の分子にくる量		
		物質量 量記号：n SI単位：mol	体積 量記号：V SI単位：m^3	質量 量記号：m SI単位：kg
数式の分母にくる量	物質量 量記号：n SI単位：mol	物質量分率 $x_B = n_B/n$ SI単位：なし (mol/mol=1)	モル体積 $V_m = V/n$ SI単位：m^3/mol	モル質量 $M = m/n$ SI単位：kg/mol
	体積 量記号：V SI単位：m^3	物質量濃度 $c_B = n_B/V$ SI単位：mol/m^3	体積分率 $\phi_B = v_B/V_n$ SI単位：なし (m^3/m^3=1)	質量密度 $\rho = m/V$ SI単位：kg/m^3
	質量 量記号：m SI単位：kg	質量モル濃度 $b_B = n_B/m_A$ SI単位：mol/kg	比体積 $v = V/m$ SI単位：m^3/kg	質量分率 $w_B = m_B/m$ SI単位：なし (kg/kg=1)

注：添字 A は溶媒を，同 B は溶質を表す．添字がない場合は溶液（または両者の和）を意味する．添字 m は1モル当たりの量を意味する．

表7.3 IUPACで規定されている濃度に関連した単位

> ○質量分率，体積分率，物質量分率（モル分率）
> ○質量濃度（質量密度）；$kg\ m^{-3}$
> mass concentration
> ○数濃度（要素粒子の数密度）；m^{-3}
> number concentration
> ○物質量濃度（濃度）；$mol\ m^{-3}$
> amount concentration
> ○質量モル濃度；$mol\ kg^{-1}$ molality
> ○百分率；% percent，千分率；‰ permille
> 　（無次元量である）

7.5

濃度単位の換算

　前項で挙げた3種の濃度単位は相互に関係があり，定量分析を行うためは換算しなければならないことが多い．換算の考え方および具体的な換算例を以下に示す．

7.5.1　質量分率から質量モル濃度へ

　図7.1に質量分率から質量モル濃度への変換のための解説図と換算式を示す．質量分率は溶液中の溶質の質量比である．したがって，溶質と溶媒の質量比は，それぞれの質量を m_1 と m_2，質量分率（％）を w としたとき，$m_1 : m_2 = w : 100 - w$ となる．質量モル濃度は溶媒（溶液ではない）1 kg 中の溶質のモル数であるから，表に記載の式が容易に導ける．モル質量は，原子量表から，その

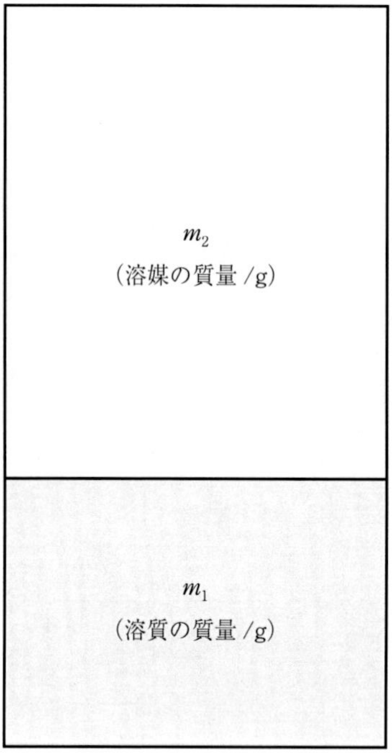

第7章 濃度について

- $m_1/(m_1+m_2)\times 100 = w$　質量分率

$m_1 : m_2 = w : 100-w$

質量モル濃度

$$M = \frac{m_1}{A}\times\frac{1000}{m_2} = \frac{m_1}{m_2}\times\frac{1000}{A} = \frac{w}{100-w}\times\frac{1000}{A}$$

A：溶質のモル質量 / $g\,mol^{-1}$

（図左）
m_2（溶媒の質量 /g）
m_1（溶質の質量 /g）

図7.1 濃度の換算（1）質量分率（％）から質量モル濃度へ

化学式の構成元素を足し算で求める．原子量表はどこにでも記載されているが，参考までに**付表7**にIUPACの2005年の一覧[2]を示す．

以下に，簡単な練習問題を記すので読者は早速計算してみて，理解を確かなものにして欲しい（解答は章末にまとめて記す）．

問1）質量分率10.0％のHNO_3水溶液の質量モル濃度（$mol\,kg^{-1}$）を求めよ．

問2）質量分率36％のHCl水溶液の質量モル濃度（$mol\,kg^{-1}$）を求めよ．

7.5.2 質量分率から物質量濃度へ

図 7.2 に質量分率から物質量(モル)濃度への変換のための解説図と換算式を示す.質量モル濃度との大きな違いは,物質量濃度は溶液(溶媒ではない) 1 dm^3(L)中の溶質のモル数であるから,質量分率という溶質と溶液の質量比から物質量濃度に換算するためには,質量と体積の換算係数,すなわち溶液の密度の値が必要になる.表にあるとおり,溶液の体積 V は溶質と溶媒の質量の和 m_1+m_2 を溶液の密度 d で割った値である.1,000 cm^3(1 L)当たりに換算したモル数が物質量濃度に相当するので,表にあるとおり基本式に代入して整理して,最終的には簡単な換算式が出来上がる.

以下の問題で正しく計算できることを確認されたい.濃酸の濃度換算は頻繁に使用するのですぐに計算できるよう習熟しておくことが肝要である.

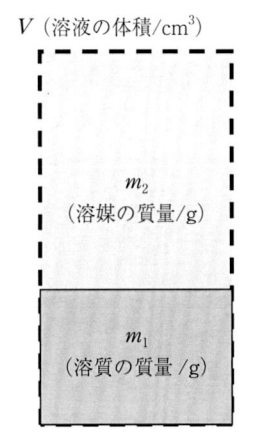

V(溶液の体積/cm^3)

m_2(溶媒の質量/g)

m_1(溶質の質量/g)

- $m_1/(m_1+m_2) \times 100 = w$ 質量分率
  m_1/A モルの溶質が V cm^3 の溶液中にあるとき,w% であるから

$$C = \frac{m_1}{A} \times \frac{1000}{V} = \frac{m_1}{A} \times \frac{1000}{\frac{m_1+m_2}{d}}$$

$$= \frac{m_1}{m_1+m_2} \times \frac{1000d}{A} = \frac{w}{100} \times \frac{1000d}{A} = \frac{10dw}{A}$$

物質量濃度

A;溶質のモル質量/g mol^{-1}
d;溶液の密度/g cm^{-3}

図 7.2 濃度の換算(2)質量分率(%)から物質量濃度へ

問3) HNO₃ 水溶液の質量分率が 20 %のとき，この水溶液の物質量濃度（mol dm^{-3}）を求めよ．ただしこの水溶液の密度は 1.1 g cm^{-3} とする．

例えば濃酸を購入したとき，その濃度は質量分率で与えられている．またほとんどの酸は水と共沸混合物（azeotropic mixcure, azeotrope）を形成する．2 成分以上の混合液に平衡な蒸気の組成が液の組成と等しいときの液体を共沸混合物という．例えば塩化ナトリウム水溶液を加熱すると水が蒸発して塩化ナトリウムの固体になるが，それは塩化ナトリウムの蒸気圧が水のそれと比較して極端に小さいからである．硝酸水溶液ではどうだろうか．加熱していくと，硝酸の蒸気圧も次第に上がっていき，質量分率 69.8 %で水と硝酸の蒸気圧が等しくなるため，それ以上加熱しても溶液の組成は変化しない．これが共沸混合物であり，この場合は 123 ℃で沸騰する．定沸点混合物（constant boiling mixture, CBM）ともいう．

したがって濃酸は元々水溶液であり，その濃度を物質量濃度に換算して希釈する，という操作が不可欠になるわけである．ちなみに，濃酸を希釈するとプロトンの水和により体積が大きく減少するので，希釈後の濃度は希釈倍率どおりにはならないことは前章で述べたとおりである．その質量分率における溶液の密度を文献より調べて，本換算式により濃度を換算する．もしくは滴定などで実測する．これはアルカリ金属元素の水酸化物（NaOH など）の水溶液でも同様である．

7.5.3 質量モル濃度から物質量濃度へ

図 7.3 に質量モル濃度から物質量濃度への変換のための換算式を示す．実験室でこの変換を行う頻度はあまり多くないと予想されるが，図 7.1 で導いた質量分率と物質量濃度の換算式を，図 7.2 で示した質量分率と質量モル濃度の換算式に代入して，質量分率を消去すれば自動的に導くことができる．こちらも

$$C = \frac{10wd}{A}, \quad w = \frac{AC}{10d'}$$

$$\frac{w}{A} \times \frac{1000}{100-w} = M,$$

$$\frac{AC}{10dA} \times \frac{1000}{100 - AC/10d} = \frac{AC}{10dA} \times \frac{1000}{(1000d-AC)/10d} = M$$

$$C = \frac{1000dM}{1000 + AM}$$

図 7.3 濃度の換算 (3) 質量モル濃度から物質量濃度へ

問題を例示しておく．

問 4) HNO_3 水溶液の質量モル濃度が 20.0 mol kg^{-1} のとき，この水溶液の物質量濃度 (mol dm^{-3}) を求めよ．ただしこの水溶液の密度は 1.11 g cm^{-3} とする．

7.6

濃度が関与した応用的計算事例

単純な濃度換算だけではなく，実際の分析操作で必要と思われる，濃度の計算を伴う応用的計算事例を幾つか紹介する．

第 7 章 濃度について

問 5) 質量分率 25.0 % の H_2SO_4 水溶液を用いてモル濃度 ($mol\ dm^{-3}$) 1.0 の H_2SO_4 水溶液を 200 cm^3 調製する際に加えるべき，元の H_2SO_4 水溶液の体積 (cm^3) を求めよ．ただし上記水溶液の密度は 1.18 $g\ cm^{-3}$ とする．また希釈に伴う系の体積変化は無視する．

　希釈して所定の体積の溶液を調製する操作であるので，質量分率から物質量濃度を求め，希釈割合を計算する，というごくありふれた計算事例である．図 7.2 で示した換算式を使えば早いが，式を覚えていなくとも，溶液 1,000 g 中の体積を密度から求め，その中の H_2SO_4 のモル数を知れば，すぐに物質量濃度が計算できる．それを希釈して所定の体積にすればよいので，あとは希釈割合を計算するのみである．なお，計算結果は，問題文で提示された数値の有効数字と合わせること．

問 6) 質量分率 99.5 % の純度を有する KCl を溶解して，モル濃度 0.5 $mol\ dm^{-3}$ の水溶液を 250 cm^3 作りたい．秤取すべき KCl の質量を 0.1 mg の桁まで答えよ．

　固体試薬を秤量して，所定の濃度の溶液に調製する計算で，これも分析化学実験では日常的な計算事例である．どういうやり方でもよいが，間違いを少なくするために，求めるべき KCl の質量を x として式を立ててみることをお勧めする．x g 秤取すれば，正味の KCl は $0.995x$ g である．それをモル質量で割れば KCl のモル数が出るので，調製すべき体積を 1 dm^3 に換算することで式ができ上がる．あとは電卓で順序よく乗除算をしていけばよい．

7.6 濃度が関与した応用的計算事例

問7) 質量分率 99.9％の純度を有する $CaCO_3$ を 1.00 g 溶解して，物質量濃度 0.5 mol dm^{-3} の硝酸酸性水溶液を 100 cm^3 作りたい．加えるべき硝酸（1＋1, 6.8 mol dm^{-3}）の体積（cm^3）を有効数字 2 桁で答えよ．

　問6と同様，固体試薬を秤量して所定濃度の溶液に調製する作業であるが，塩基性塩が酸と反応して溶解することを加味した上で酸濃度を調製することが先問と異なっている．まず炭酸カルシウムと硝酸との反応式を書くと，反応の化学量論比は 1：2 であることがわかるので，炭酸カルシウムのモル数から，この塩を溶解するために消費される酸のモル数を求める．次に 0.5 mol dm^{-3} の溶液を 100 cm^3 調製するために必要なモル数を求めると，両者の和が加えるべき硝酸のモル数であることでわかる．あとは容易であろう．

参考文献

1) J. Kenkel：Basic Chemistry Concepts and Exercises, CRC Press（2011）．
2) IUPAC 編，日本化学会監修，産総研計量標準総合センター訳：IUPAC 物理化学で用いられる量・単位・記号，第 3 版，講談社サイエンティフィク（2009）．
3) JIS K 0050：化学分析方法通則，日本規格協会（2019）．
4) 国際度量衡局編，産総研計量標準総合センター訳・監修：国際単位系（SI），国際文書第 8 版，日本語版（2006）．
5) JIS Z 8202-0：2000, 量及び単位—第 0 部：一般原則．
6) A.Thompson and B.N.Taylor：Guide for the Use of the International System of Units（SI），NIST Special Publication 811 2008 Ed., National Institute of Standard and Technology, U. S. Department of Commerce（2008）．
7) JIS K 0211：2005, 分析化学用語（基礎部門）．

第7章　濃度について

問の解答

問1) $\dfrac{10.0}{(100-10.0)} \times \dfrac{1000}{(1.01+14.0+3\times 16.0)} = \dfrac{10.0 \times 1000}{90.0 \times 63.0} = 1.76$

問2) $\dfrac{36}{(100-36)} \times \dfrac{1000}{(1+35.5)} = \dfrac{1000}{64 \times 36.5} / = 15.4 \approx 15$

問3) $\dfrac{10 \times 1.1 \times 20}{63} = 3.5$

問4) $\dfrac{1000 \times 1.11 \times 20.0}{(1000 + 63.0 \times 20.0)} = 9.82$

問5) 溶液 1,000 g の体積 V は

$V = 1000/1.18 = 847 \text{ cm}^3$

溶液 1000 g 中の溶質（H₂SO₄）のモル数 n は

$n = 250/(2.0 + 32.1 + 16.0 \times 4) = 2.55 \text{ mol}$

物質量濃度 M は溶液の 1 dm³ 中の溶質のモル数であるから

$M = 2.55 \times 1000/847 = 3.01 \text{ mol dm}^{-3}$

物質量濃度 3.01 の H₂SO₄ を希釈して同濃度 1.0 にすればよい．

加えるべき質量分率 25.0 ％の H₂SO₄ 水溶液の体積 v は，

$3.01 \times v/200 = 1.0, \quad v \fallingdotseq 66.4 \text{ cm}^3$

問6) $\dfrac{x \times 0.995}{(39.098 + 35.453)} \times \dfrac{1000}{250} = 0.5$

$x = 9.3657 \text{ g}$

問7) 化学反応式は

$$CaCO_3 + 2HNO_3 = Ca(NO_3)_2 + H_2O + CO_2$$

溶解に必要な酸のモル数 $n_1^{H^+}$ を求める．

$$n_1^{H^+} = \frac{1.00 \times 0.999}{(40.078 + 12.011 + 15.999 \times 3)} \times 2 = 0.020$$

0.5 mol dm^{-3} 硝酸酸性水溶液を 100 cm^3 に調製するために必要な H^+ のモル数 $n_2^{H^+}$ を求める．

$$n_2^{H^+} = 0.5 \times \frac{100}{1000} = 0.050$$

ゆえに，加えるべき硝酸（$1+1$，6.8 mol dm^{-3}）の体積 v（cm^3）は

$$6.8 \times \frac{v}{1000} = n_1^{H^+} + n_2^{H^+} = 0.070$$

$v = 10.3 \approx 10$

資料

日本工業規格　　　　　　　　　　　　JIS
　　　　　　　　　　　　　　　R 3505-1994

ガラス製体積計
Volumetric glassware

1. **適用範囲**　この規格は，体積計に受け入れられた液体（受用）又は体積から排出した液体（出用）の体積を測定するガラス製の体積計のうち，ビュレット，メスピペット，全量ピペット，全量フラスコ，首太全量フラスコ，メスシリンダー及び乳脂計（以下，体積計という。）について規定する。

　　備考　この規格の対応国際規格を，付表9に示す。

2. **等級**　等級は，乳脂計を除き体積の許容誤差によって区分し，クラスA及びクラスBの2等級とする。

3. **計量単位**　体積計の体積の計量単位及びその記号は，リットル（l又はL），デシリットル（dl又はdL）又はミリリットル（ml又はmL）とする。

4. **呼び容量**　呼び容量は，次のとおりとする。
   (1) ビュレット（単位ml）　　1, 2, 5, 10, 25, 50, 100
   (2) メスピペット（単位ml）　　0.1, 0.2, 0.3, 0.5, 1, 2, 3, 5, 10, 20, 25, 50
   (3) 全量ピペット（単位ml）　　0.1, 0.2, 0.3, 0.4, 0.5, 1, 1.5, 2, 2.5, 3, 4, 5, 6, 7, 8, 9, 10, 11, 15, 17.5, 17.6, 20, 25, 30, 40, 50, 100, 200
   (4) 全量フラスコ（単位ml）　　5, 10, 20, 25, 50, 100, 200, 250, 300, 500, 1 000, 2 000, 2 500, 3 000, 5 000, 10 000
   (5) 首太全量フラスコ（単位ml）　　50, 100, 200, 250, 500
   (6) メスシリンダー（単位ml）　　5, 10, 20, 25, 50, 100, 200, 250, 300, 500, 1 000, 2 000
   (7) 乳脂計（単位ml）　　0.625, 0.750, 0.875, 1.000, 1.125, 1.6, 5.0

5. **体積の許容誤差** (ml)　体積の許容誤差は，等級及び呼び容量に応じて**付表1～8**のとおりとする。

6. **目盛**　目盛は，次のとおりとする。
   (1) 目盛は，20℃の水を測定したときの体積を表すものとして付されていること。
   (2) 目盛は，図1に示すように水際の最深部と目盛線の上縁とを水平に視定して測定するものとして付されていること。
   　　なお，青線入りの体積計の場合は，青線が水際によって屈折され，最も狭く見える部分を水際の最深部とする［**図1(b)参照**］。

資 料

図1 水隙の視定方法

(a) 一般の体積計の場合　　　(b) 青線入りの体積計の場合

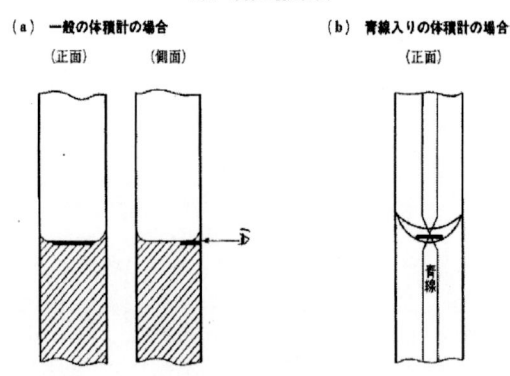

(正面)　(側面)　　　　　　　(正面)

(3) ビュレット，メスピペット及びメスシリンダーの目盛(最小目盛)(^{1})は，付表1，付表2及び付表6のとおりとする。

　　注(^{1}) 相隣る目盛線がそれぞれ表す値の差。

(4) 目盛線は，管軸(体積計の中心軸)に対して垂直であること。

(5) 目盛線の太さ及び長さは，乳脂計を除き次のとおりとする。
- (a) 目盛線の太さは，0.1～0.4 mm (呼び容量が5l以上のものにあっては0.1～0.6mm)で，かつ，目盛間隔(^{2})の$\frac{1}{3}$以下であること。

　　注(^{2}) 相隣る目盛線の間の空白部分の長さ。
- (b) 最も短い目盛線の長さは，目盛が付された部分の円周の10%以上，20%未満であること。
- (c) 中間目盛線の長さは，最も短い目盛線の長さのおよそ1.5倍で，かつ，その両端が最も短い目盛線の端を超えて対称に延びていること。
- (d) 長い目盛線の長さは，青線入りの体積計，腐食による目盛が付された体積計及び自動ビュレット(^{3})を除き，目盛が付されている部分の円周の75%以上であること。

　　注(^{3}) ゼロ目盛線がなく，ゼロ点が自動的に定まるビュレット。

7. **構造及び機能** 構造及び機能は，次のとおりとする。
(1) メスピペット及び全量ピペットの排水時間(^{4})は，呼び容量に応じて**付表2**及び**付表3**のとおりとする。ただし，この規定は被計量液名が表記されている場合には適用しない。

　　注(^{4}) メスピペット又は全量ピペットを垂直にして水を自由に排出させたとき，呼び容量に相当する体積が排出されるのに要する時間。ただし，先端までの容積によって呼び容量が定まるメスピペット及び全量ピペットであって，先端に微量の液体を残して流出が止まるものは，その止まるときまでの時間とする。

(2) 目盛が付されている部分には，水隙の視定に支障となる気泡がないこと。
(3) メスピペット，全量ピペットの上端は，平らで滑らかであること。
(4) 活栓付きビュレット，メスピペット及び全量ピペットの下端並びにモールビュレットの先管の先端は，

次のいずれかによって仕上げられていること。
- (a) 管軸に直角に切断し，外側を滑らかに研磨してわずかに面を取り，火仕上げすること。
- (b) 管軸に直角に切断し，外側を滑らかに研磨してわずかに面を取ること。
- (c) 管軸に直角に切断し，火仕上げすること。

(5) 全量フラスコ，首太全量フラスコ及びメスシリンダーは，水平面に置いたときすわりが安定しており，水平に対して10度傾いた平面に，空の状態で，かつ，栓なしで置いたときに倒れないこと。

(6) 茶褐色の体積計は，その色が水際の視定を妨げるものであってはならない。

(7) 青線入りの体積計の青線は鮮明であり，管軸と平行で，かつ，幅が一様であること。

(8) 活栓付きビュレットの活栓(他のビュレットにも使用できる共通栓を除く。)と本体及びモールビュレットの先管と本体とに合番号が付されていること。

(9) 活栓付きビュレットは，活栓を閉じて，呼び容量に相当する体積の水を満たしたまま5分経過する間に，体積の許容誤差に相当する体積を超える漏水がないこと。

(10) モールビュレットの先管と本体とをゴム管などで接続する部分は，そのゴム管などが容易に離脱しないように加工されていること。

(11) 全量フラスコには，受入体積を測定するものは"受用"，"In"又は"TC"，排出体積を測定するものは"出用"，"Ex"又は"TD"の標識が付されていること。

(12) メスピペット及び全量ピペットにカラーコードを付けるときは，表1によること。

　備考　表1に規定されていない呼び容量の体積計は，製造業者が定めたカラーコードを付けてもよい。
　参考　このカラーコードは，呼び容量3mlを除きISO 1769に適合している。

資 料

(a) メスピペット
単位 ml

呼び容量	目量	カラーコード
0.1	0.001	緑2本
	0.005	赤
	0.01	白
0.2	0.001	青2本
	0.002	白2本
	0.01	黒
0.5	0.005	緑
	0.01	黄2本
1	0.01	黄
2	0.02	黒
3	0.02	青2本
5	0.05	赤
10	0.1	橙
20	0.1	黄2本
25	0.1	白
50	0.2	黒

(b) 全量ピペット
単位 ml

呼び容量	カラーコード
0.1	青
0.15	白
0.2	赤
0.25	緑2本
0.3	黄
0.4	赤2本
0.5	黒2本
1	青
2	橙
3	黒
4	赤2本
5	白
6	橙2本
7	緑2本
8	青
9	黒
10	赤
15	緑
20	黄
25	青
30	黒
40	白
50	赤
75	緑
100	黄
150	黒2本
200	青

8. 形状及び寸法 形状及び寸法は，付表1～6のとおりとする。

9. 材料 材料は，ほうけい酸ガラスであって，線膨張係数が $55 \times 10^{-7}/℃$ 以下のものとする。

10. 誤差の試験方法 誤差の試験方法は，体積計が表す体積 (I) と，次に定めるとおり標準器で測定して求めた実体積 (Q) とを比較して行い，($I-Q$) を誤差とする。

なお，実体積は，受用の体積計の場合は体積計に受け入れられた量を，出用の体積計の場合は体積計から排出された量を測定するものとする。

(1) 試験の条件
(1.1) 試験場 所試験は，試験中の温度変化が $2℃/h$ を超えない室内で行うこととする。
(1.2) 試験に用いる水 試験には蒸留水又はイオン交換水を用いることとする。ただし，比較法による場合は，水道水又は井戸水を用いても差し支えない。
(1.3) 体積計の内面 体積計は，試験に先立って内面が清浄であることを確認し，かつ，受用の場合は内

面を乾燥させなければならない。
(2) 実体積の測定方法
(2.1) 衡量法 体積計に受け入れられた水又は体積計から排出された水の質量,及び温度を測定して実体積を求める方法で,用いる機器及び実体積の計算は次による。
(2.1.1) はかり 水の質量を測定するはかりは,次のとおりとする。
(a) 載せ台の大きさ及びひょう量が,体積計に受け入れられた水又は体積計から排出された水の質量を1回で測定するのに十分であること。
(b) 目盛が試験される体積計の許容誤差の $\frac{1}{10}$ に相当する質量以下(1mg以下のときは1mg)であること。
(c) 基準分銅(*)又はこれに相当する精度の分銅で校正されていること。
  注(*) 計量法に基づく基準器検査に合格し,有効期間内にあるもの。
(2.1.2) 温度計 水温の測定に用いる温度計は,±0.1℃又はこれより良い精度で校正されていなければならない。
(2.1.3) 実体積の計算 標準温度20℃における実体積は,次の式によって算出する。

$$V_{20} = (I_L - I_E) \times \left[\frac{1}{\rho_W - \rho_A}\right] \times \left[1 - \frac{\rho_A}{\rho_B}\right] \times \left[1 - 3\gamma(t-20)\right] \cdots\cdots\cdots\cdots (1)$$

ここに, V_{20} : 標準温度20℃における実体積 (ml)
  I_L : はかりの表す質量(風袋を含む。)(g)
  I_E : 風袋の質量 (g)
  t : 測定に用いた水の温度 (℃)
  ρ_A : 測定時の周囲空気の密度 (g/cm³)
  ρ_B : 測定に用いた分銅の密度(分銅を用いないはかりの場合は,そのはかりの校正に用いた分銅の密度)(g/cm³)
  ρ_W : t℃の水の密度 (g/cm³)
  γ : 体積計のガラス材料の線膨張係数 (℃⁻¹)

式(1)は,試験が常温及び大気圧の試験室で行われるときは,次のように近似的に簡略化してよい。

$$V_{20} \fallingdotseq (I_L - I_E) + V_n(Z-1) \cdots\cdots\cdots\cdots\cdots\cdots\cdots\cdots (2)$$

ここに, V_n : 体積計の表す体積 (ml)
  Z : 式(1)の $\frac{1}{\rho_W - \rho_A} \times 1 - \frac{\rho_A}{\rho_B} \times [1 - 3\gamma(t-20)]$ の値。

参考 V_n が1 000ml における $V_n(Z-1)$ を,体積計のガラスの線膨張係数が 35×10^{-7} 及び 50×10^{-7} 並びに試験に用いた水の温度が 5~35℃の場合について求めた値を,**参考表1**及び**参考表2**に示す。
なお,**参考表1**及び**参考表2**の値の算出に用いた水及び空気の密度を**参考表3**及び**参考表4**に示す。

(2.2) 比較法 体積計に受け入れられた水又は体積計から排出された水の体積を,標準ビュレット又はこれと同等の性能をもつ体積標準器によって測定する方法で,標準ビュレット又は体積標準器は次によるものとする。
(a) ビュレット及びメスシリンダー以外の体積計の試験に用いるものにあっては,試験される体積計の呼び容量に相当する体積,ビュレット及びメスシリンダーの試験に用いるものにあっては,試験されるビュレット又はメスシリンダーの呼び容量に相当する体積及びその $\frac{1}{5}$ の体積を測定できるものである

11. **表示** 体積計には,次の事項が表記されていなければならない。
(1) 等級(乳脂計を除く。)
    備考 クラスAを表す記号"A",クラスBを表す記号"B"でもよい。
(2) 呼び容量(乳脂計を除く。)
(3) 製造業者名又はその略号
(4) 付表2の備考4.に該当するメスピペットについては,その記号
(5) 全量フラスコについては,受用,出用の別又はその略号。

資 料

付表1～付表6　JIS R 3505（ガラス製体積計）に規定されている各種測容器の許容誤差（公差）

付表1　ビュレット

(1) 活栓付きビュレット

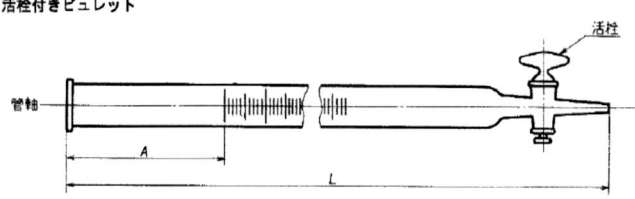

項目		呼び容量						
		1 ml	2 ml	5 ml	10 ml	25 ml	50 ml	10.0 ml
L (mm)		650 以下	670 以下	800 以下	870 以下	870 以下	870 以下	870 以下
A (mm)		50 以上	50 以上	50 以上	50 以上	50 以上	50 以上	50 以上
目量（最小目盛）(ml)		0.005　0.01	0.01	0.02	0.02　0.05	0.05　0.1	0.1	0.2
目盛が付された部分の長さ (mm)		150 以上	20.0 以上	250 以上	250 以上	300 以上	500 以上	500 以上
体積の許容誤差 (ml)	クラス A	±0.01	±0.01	±0.01	±0.02	±0.03	±0.05	±0.05	±0.1
	クラス B	±0.02	±0.02	±0.02	±0.05	±0.05	±0.1	±0.1	±0.2

(2) モールビュレット

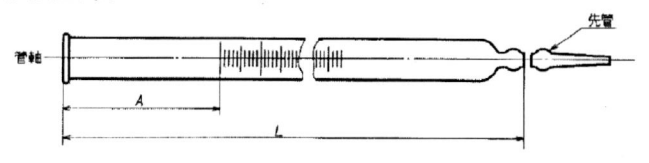

項目		呼び容量						
		1 ml	2 ml	5 ml	10 ml	25 ml	50 ml	10.0 ml
L (mm)		580 以下	650 以下	80.0 以下	820 以下	820 以下	850 以下	870 以下
A (mm)		50 以上	50 以上	50 以上	50 以上	50 以上	50 以上	50 以上
目量（最小目盛）(ml)		0.005　0.01	0.01	0.02	0.02　0.05	0.05　0.1	0.1	0.2
目盛が付された部分の長さ (mm)		150 以上	200 以上	250 以上	250 以上	300 以上	500 以上	500 以上
体積の許容誤差 (ml)	クラス B	±0.02	±0.02	±0.02	±0.05	±0.05	±0.1	±0.1	±0.2

備考1. 図における活栓の形状については単に例示である。
　　2. 目盛が付された部分の長さは，自動ビュレットには適用しない。
　　3. ビュレットは，試薬などを補給するためのタンクが付されているもの（ミクロビュレットという。）であっても差し支えない。

資料

付表2　メスピペット

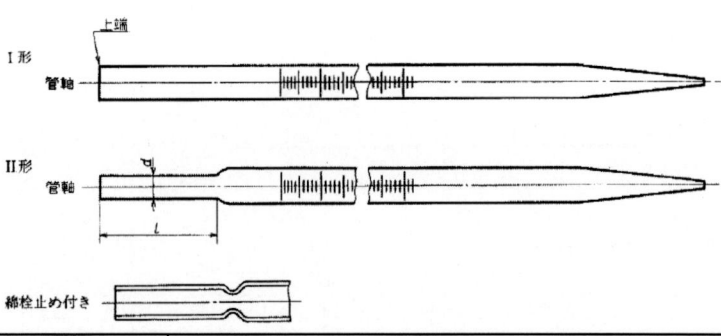

項目		呼び容量							
		0.1-0.5 ml	1 ml	2 ml	3 ml	5 ml	10 ml	20 ml	25 ml	50 ml
D (mm)		8 以下	8 以下	8 以下	8 以下	—	—	—	—	—
d (mm)		—	—	—	8.5 以下	8.5 以下	8.5 以下	8.5 以下	8.5 以下	8.5 以下
l (mm)		—	—	—	20 以上	20 以上	20 以上	20 以上	20 以上	20 以上
目量（最小目盛）(ml)		0.01 以下	0.01	0.02	0.02	0.05	0.1	0.1	0.1	0.2
排水時間 (s)		—	2 以上	2 以上	3 以上	3 以上	3 以上	3 以上	3 以上	3 以上
体積の許容誤差 (ml)	クラス A	±0.005	±0.01	±0.015	±0.03	±0.03	±0.05	±0.1	±0.1	±0.2
	クラス B	—	±0.015	±0.02	±0.05	±0.05	±0.1	±0.2	±0.2	±0.4

備考1. 呼び容量が2 ml 以下は I 形，3 ml は I 又は II 形，5 ml 以上は II 形の形状とする。
  2. 上端から最上部の目盛線までの長さは，80 mm 以上でなければならない。
  3. 上部に吸い込みの危険を防止するための綿栓止めが付されていても差し支えない。
  4. 排水時間がこの規定に適合しない場合は，呼び容量が 1 ml 及び 2 ml には "＜2S"，3 ml～50 ml には "＜3S" の表示がなければならない。
    なお，この場合の体積許容誤差はクラス B を適用する。

資　料

付表3　全量ピペット

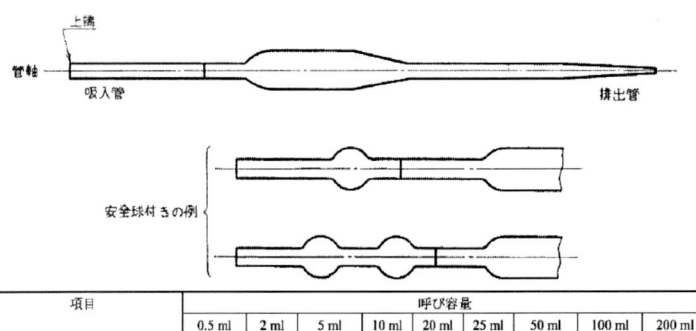

項目		呼び容量							
		0.5 ml 以下	2 ml 以下	5 ml 以下	10 ml 以下	20 ml 以下	25 ml 以下	50 ml 以下	100 ml 以下	200 ml 以下
排水時間 (s)		3〜20	5〜25	7〜30	8〜40	9〜50	10〜50	13〜60	25〜60	40〜80
体積の許容誤差 (ml)	クラス A	±0.005	±0.01	±0.015	±0.02	±0.03	±0.03	±0.05	±0.08	±0.1
	クラス B	±0.01	±0.02	±0.03	±0.04	±0.06	±0.06	±0.1	±0.15	±0.2

備考1. 目盛が付された部分の内径は、呼び容量が100 ml 以下では8 mm 以下、200 ml 以下では8.5 mm 以下でなければならない。
　　2. 上端から目盛線までの長さ（安全球を含む。）は、80 mm 以上でなければならない。

資 料

付表4　全量フラスコ

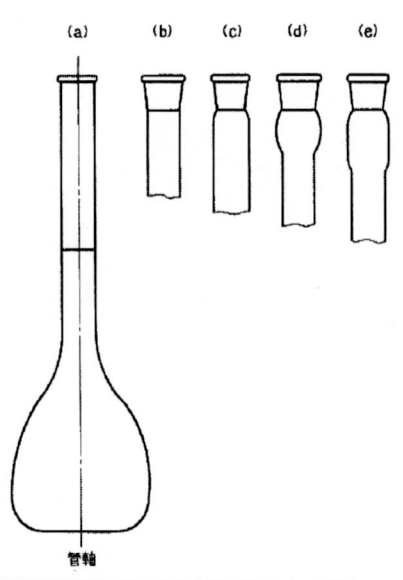

(a)　(b)　(c)　(d)　(e)

管軸

項目		呼び容量							
		5 ml	10 ml	20 ml	25 ml	50 ml	100 ml	200 ml	250 ml
目盛線が付された部分の内径(*) (mm)		10 以下	10 以下	12 以下	12 以下	14 以下	14 以下	17 以下	17 以下
体積の許容誤差 (ml)	クラス A	±0.025	±0.025	±0.04	±0.04	±0.06	±0.1	±0.15	±0.15
	クラス B	±0.05	±0.05	±0.08	±0.08	±0.12	±0.2	±0.3	±0.3

項目		呼び容量							
		300 ml	500 ml	1 000 ml	2 000 ml	2 500 ml	3 000 ml	5 000 ml	10 000 ml
目盛線が付された部分の内径(*) (mm)		24 以下	24 以下	25 以下	30 以下	34 以下	35 以下	50 以下	65 以下
体積の許容誤差 (ml)	クラス A	±0.25	±0.25	±0.4	±0.6	±1.5	±2.0	±2.0	±5.0
	クラス B	±0.5	±0.5	±0.8	±1.2	—	—	—	—

注(*)　目盛線が付された部分が円筒形でないときは，内径の最も広い部分の長さとする。
備考1.　出用の体積の許容誤差は，表の値の2倍とする。
　　　　なお，この場合の実体積は，全量の水を自由流出させた後，滴下の状態になってから 30 秒間に排出された量までとする。
　　2.　図の(a)及び(b)の上部はすり合わせのないもの，(c),(d)及び(e)の上部はすり合わせがあるものの例とする。

資　料

付表5　首太全量フラスコ

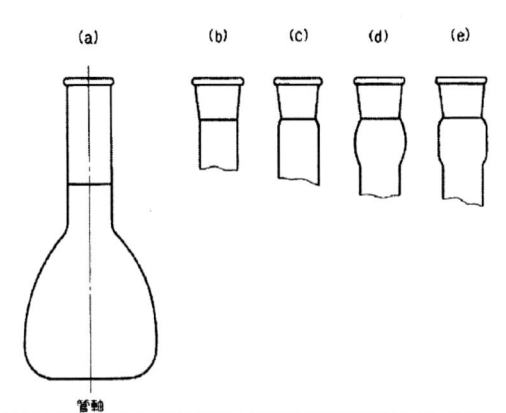

(a)　(b)　(c)　(d)　(e)

管軸

項目		呼び容量				
		50 ml	100 ml	200 ml	250 ml	500 ml
目盛線が付された部分の内径 (mm)		14を超え20以下	14を超え20以下	17を超え25以下	17を超え25以下	24を超え32以下
体積の許容誤差 (ml)	クラスB	±0.2	±0.25	±0.3	±0.3	±0.6

備考1. 受用だけとする。
　　2. 図の(a)及び(b)の上部はすり合わせのないもの、(c), (d)及び(e)の上部はすり合わせがあるものの例とする。

資　料

付表6　メスシリンダー

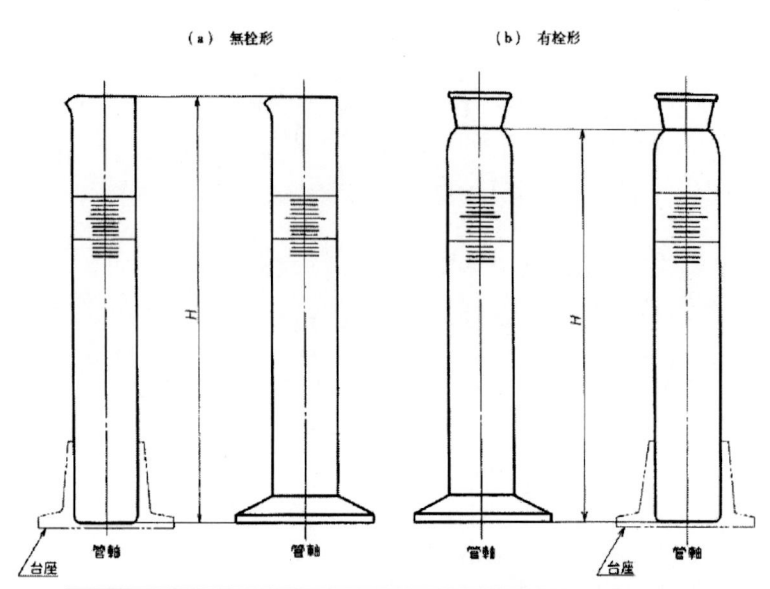

(a) 無栓形　　　(b) 有栓形

項目		呼び容量						
		5 ml	10 ml	20 ml	25 ml	50 ml		100 ml
H (mm)		130 以下	185 以下	215 以下	215 以下	225 以下		260 以下
目量（最小目盛）(ml)		0.1	0.1 | 0.2	0.2	0.2 | 0.5	0.5 | 1		1
体積の許容誤差 (ml)	クラス A	±0.1	±0.2	±0.2	±0.25	±0.5		±0.5
	クラス B	±0.2	±0.4	±0.4	±0.5	±1.0		±1.0

項目		呼び容量					
		200 ml	250 ml	300 ml	500 ml	1 000 ml	2 000 ml
H (mm)		335 以下	335 以下	335 以下	390 以下	470 以下	570 以下
目量（最小目盛）(ml)		2 | 5	2 | 5	2 | 5	5	10	20
体積の許容誤差 (ml)	クラス A	±1.0	±1.5	±1.5	±2.5	± 5.0	±10.0
	クラス B	±2.0	±3.0	±3.0	±5.0	±10.0	±20.0

備考　台座は，ほうけい酸ガラス以外でもよい。

付表7 IUPACが規定する元素の標準原子量（2005）

元素記号	原子番号	元素名	原子量（相対原子質量）	注
H	1	水素 hydrogen	1.007 94(7)	g, m, r
He	2	ヘリウム helium	4.002 602(2)	g, r
Li	3	リチウム lithium	[6.941(2)]†	g, m, r
Be	4	ベリリウム beryllium	9.012 182(3)	
B	5	ホウ素 boron	10.811(7)	g, m, r
C	6	炭素 carbon	12.0107(8)	g, r
N	7	窒素 nitrogen	14.0067(2)	g, r
O	8	酸素 oxygen	15.9994(3)	g, r
F	9	フッ素 fluorine	18.998 403 2(5)	
Ne	10	ネオン neon	20.1797(6)	g, m
Na	11	ナトリウム sodium	22.989 769 28(2)	
Mg	12	マグネシウム magnesium	24.3050(6)	
Al	13	アルミニウム aluminium（aluminum）	26.981 538 6(8)	
Si	14	ケイ素 silicon	28.0855(3)	r
P	15	リン phosphorus	30.973 762(2)	
S	16	硫黄 sulfur	32.065(5)	g, r
Cl	17	塩素 chlorine	35.453(2)	g, m, r
Ar	18	アルゴン argon	39.948(1)	g, r
K	19	カリウム potassium	39.0983(1)	
Ca	20	カルシウム calcium	40.078(4)	g
Sc	21	スカンジウム scandium	44.955 912(6)	
Ti	22	チタン titanium	47.867(1)	
V	23	バナジウム vanadium	50.9415(1)	
Cr	24	クロム chromium	51.9961(6)	
Mn	25	マンガン manganese	54.938 045(5)	
Fe	26	鉄 iron	55.845(2)	
Co	27	コバルト cobalt	58.933 195(5)	
Ni	28	ニッケル nickel	58.6934(2)	

† 市販されている Li の原子量は 6.939 から 6.996 の間の値を持っている．さらに精度の高い値が要求される場合は，個々の試料について決定しなければならない．

(g) 地質学的に例外的な試料が知られている．それらの試料では，同位体組成が正常な物質についての限界値を超えている．そのような試料に含まれる当該元素の平均相対原子質量と表に示された値との差は，ここに示された不確かさの値よりかなり大きいこともある．

(m) 市販されている物質の中には，その物質が何らかの（発表されていない原因で，あるいは意図的でない原因で）同位体分離を受けたことによって，同位体組成が変更されていることもある．この記号をつけた元素の相対原子質量は，表に示された値からかなり大きく外れることもある．

(r) 正常な地球上の物質の同位体組成に幅があるために，これ以上に精密な相対原子質量の値を与えることはできない．表示された Ar(E) の値と不確かさは，任意の正常な物質に適用できる．

資 料

元素記号	原子番号	元素名	原子量（相対原子質量）	注
Cu	29	銅 copper	63.546(3)	r
Zn	30	亜鉛 zinc	65.409(4)	
Ga	31	ガリウム gallium	69.723(1)	
Ge	32	ゲルマニウム germanium	72.64(1)	
As	33	ヒ素 arsenic	74.921 60(2)	
Se	34	セレン selenium	78.96(3)	r
Br	35	臭素 bromine	79.904(1)	
Kr	36	クリプトン krypton	83.798(2)	g.m
Rb	37	ルビジウム rubidium	85.4678(3)	g
Sr	38	ストロンチウム strontium	87.62(1)	g.r
Y	39	イットリウム yttrium	88.905 85(2)	
Zr	40	ジルコニウム zirconium	91.224(2)	g
Nb	41	ニオブ niobium	92.906 38(2)	
Mo*	42	モリブデン molybdenum	95.94(2)	g
Tc	43	テクネチウム technetium		A
Ru	44	ルテニウム ruthenium	101.07(2)	g
Rh	45	ロジウム rhodium	102.905 50(2)	
Pd	46	パラジウム palladium	106.42(1)	g
Ag	47	銀 silver	107.8682(2)	g
Cd	48	カドミウム cadmium	112.411(8)	g
In	49	インジウム indium	114.818(3)	
Sn	50	スズ tin	118.710(7)	g
Sb	51	アンチモン antimony	121.760(1)	g
Te	52	テルル tellurium	127.60(3)	g
I	53	ヨウ素 iodine	126.904 47(3)	
Xe	54	キセノン xenon	131.293(6)	g.m
Cs	55	セシウム caesium (cesium)	132.905 451 9(2)	
Ba	56	バリウム barium	137.327(7)	
La	57	ランタン lanthanum	138.905 47(7)	g
Ce	58	セリウム cerium	140.116(1)	g
Pr	59	プラセオジム praseodymium	140.907 65(2)	
Nd	60	ネオジム neodymium	144.242(3)	g
Pm	61	プロメチウム promethium		A
Sm	62	サマリウム samarium	150.36(2)	g

(A) 安定な核種を持たない放射性元素なので，地球上の同位体組成に関する特性値は存在しない，この本の後ろの見返しにあるIUPACの元素周期表の中で，かっこ中の値は，最も寿命の長い同位体元素の質量数を示している（また，6.3節の原子核質量の表も参照）．

資 料

元素記号	原子番号	元素名	原子量(相対原子質量)	注
Eu	63	ユウロピウム europium	151.964(1)	g
Gd	64	ガドリニウム gadolinium	157.25(3)	g
Tb	65	テルビウム terbium	158.925 32(2)	
Dy	66	ジスプロシウム dysprosium	162.500(1)	g
Ho	67	ホルミウム holmium	164.930 32(2)	
Er	68	エルビウム erbium	167.259(3)	g
Tm	69	ツリウム thulium	168.934 21(2)	
Yb	70	イッテルビウム ytterbium	173.04(3)	g
Lu	71	ルテチウム lutetium	174.967(1)	g
Hf	72	ハフニウム hafnium	178.49(2)	
Ta	73	タンタル tantalum	180.947 88(2)	
W	74	タングステン tungsten	183.84(1)	
Re	75	レニウム rhenium	186.207(1)	
Os	76	オスミウム osmium	190.23(3)	g
Ir	77	イリジウム iridium	192.217(3)	
Pt	78	白金 platinum	195.084(9)	
Au	79	金 gold	196.966 569(4)	
Hg	80	水銀 mercury	200.59(2)	
Tl	81	タリウム thallium	204.3833(2)	
Pb	82	鉛 lead	207.2(1)	g, r
Bi	83	ビスマス bismuth	208.980 40(1)	
Po	84	ポロニウム polonium		A
At	85	アスタチン astatine		A
Rn	86	ラドン radon		A
Fr	87	フランシウム francium		A
Ra	88	ラジウム radium		A
Ac	89	アクチニウム actinium		A
Th	90	トリウム thorium	232.038 06(2)	g, Z
Pa	91	プロトアクチニウム protactinium	231.035 88(2)	Z
U	92	ウラン uranium	238.028 91(3)	g, m, Z
Np	93	ネプツニウム neptunium		A
Pu	94	プルトニウム plutonium		A
Am	95	アメリシウム americium		A
Cm	96	キュリウム curium		A
Bk	97	バークリウム berkelium		A

(Z) 安定な核種を持たない元素であるが，長寿命の放射性核種の地球上での組成がある範囲の特性値を示すので，有意相対原子質量を与えることができる．

資料

元素記号	原子番号	元素名	原子量（相対原子質量）	注
Cf	98	カリホルニウム californium		A
Es	99	アインスタイニウム einsteinium		A
Fm	100	フェルミウム fermium		A
Md	101	メンデレビウム mendelevium		A
No	102	ノーベリウム nobelium		A
Lr	103	ローレンシウム lawrencium		A
Rf	104	ラザホージウム rutherfordium		A
Db	105	ドブニウム dubnium		A
Sg	106	シーボーギウム seaborgium		A
Bh	107	ボーリウム bohrium		A
Hs	108	ハッシウム hassium		A
Mt	109	マイトネリウム meitnerium		A
Ds	110	ダームスタチウム darmstadtium		A
Rg	111	レントゲニウム roentgenium		A

索　引（五十音順）

あ

アナログ計測	17
アナログ式	15
一次標準測定法	21
一次標準直接法	21
一次標準比率法	22
一滴法	42
英国標準試料	24

か

ガウス（Gaussian）分布	36
化学計測	71
拡張不確かさ	86
確認限界	39
加減	24
過誤	60
仮想線	17
かたより	68
ガラス体積計	107
環境分析	60
感度	34
機器分析	22
気体混合物	118
技能試験	91
基本次元量	21
供給値	75
共同分析	26
共沸混合物	128
許容誤差	89, 104
偶然誤差	88
矩形分布	89
組立（誘導）単位	7
グラファイト炉原子吸光分析	45
繰返し性	69

計測技術	11
系統誤差	89
計量法	120
原子吸光分析	43
原子吸光分析法	41
検出限界	5, 32, 33, 39
検出限界値	43, 46, 49
検定	96
検量線	58
検量線の傾き	34
工業プロセス計測制御用語及び定義	
	75
公差	104
校正	10
合成標準不確かさ	86
高分解能型ICP質量分析装置	94
高分解能質量分析計	49
国際計量基本用語集	65
国際試験所認定機構	66
国際純粋応用物理学連合	65
国際純正応用化学連合	37, 65
国際単位系	3, 7
国際電気標準会議	64, 65
国際度量衡局	65
国際度量衡総会	7
国際標準化機構	39, 64, 65
国際法定計量機関	65
国際臨床化学連盟	65
誤差	67, 84
誤差評価	66
誤差要因	85
固溶体	118

さ

| 再現性 | 6, 69 |

索　引

最小目盛り	16, 17
材料強度試験	2
産学公連携	79
三角分布	89
軸方向観測	46, 48
試験所認定	92
指示値	75
四捨五入	18
室間再現性	69
室内再現性	69
質量	8
質量濃度	121
質量パーセント	120
質量分率	119
質量モル濃度	102, 122
シミュレーション手法	66
重量分析	21
乗除	23
小数点以下	19
真値	84
真度	68
真の値	67
振幅平均	35
信頼区間	96
信頼限界	96
信頼性	67
信頼性用語	61
水素化合物発生法	45
数理統計	71
スクリーニング	60
スプレッドシート	26
精確さ	68, 71
正規的	54
正規分布	36
生産技術	11
精度	68, 71
絶対値	35
全量ピペット	109
全量フラスコ	109

相加平均	35
相対標準不確かさ	86
装置検出限界	40
測定対象元素	32
測定値	11

た

第1種の過誤	39
第2種の過誤	39
体積	8
体積分率	120
直示天秤	10
定性分析（qualitative analysis）	4
定沸点混合物	128
定量下限	32, 33, 39, 52
定量上限	54
定量範囲	54
定量分析（quantitative analysis）	4
適合性評価	71
デジタル計測	17
デジタル式	15
電気加熱原子吸光法	42
電子測定器用語	75
電子天秤	10
同定分析	4
特性要因図	88
度量衡制度	3

な

内蔵分銅	10
認証値	25
濃酸	102

は

はかる	2
バックグラウンド	37, 41
バッチ式水素化物法	42
パフォーマンス	6
パーミル	120

索　引

ばらつき	68
判定限界	39
被測定物質	32
表示値	75
標準不確かさ	86, 86
標準偏差	35
秤量	9
フィッシュボーンダイヤグラム	88
不確かさ	58, 65
不確かさの表現ガイド	66
不確かさ評価	66
不確かさ要因	86
物質量	8
物質量濃度	121
物質量分率	120
物質量（モル）濃度	102
プッシュボタン式体積計	104
物理計測	71
物理量	7
ブランク	5, 37, 41
フレーム原子吸光分析	45
フレーム原子吸光法	94
フレーム光度法	94
分析化学用語	33
分析値	11
分析値の信頼性	5, 6
噴霧導入	42
分率	119
平均偏差	35
米国化学会	37
米国環境保護庁	55
包含係数	88
方法検出限界	40
方法定量下限値	54
保証限界	39
補助分銅	10
ポリプロピレン	107
ポリメチルペンテン	107

ま

マトリックス	42
マトリックスマッチング	93
丸めの幅	18
見積もりプロセス	86
無理数	14
メスシリンダー	104
メスピペット	104
メートル条約	7
メートル法	3
目盛り	15
モル濃度	121
モンテカルロ法	66

や

有意に異なる	37
有効数字	14, 19, 21
有理数	14
溶液	118
溶質	119
溶媒	119
容量分析	21
横方向観測	46, 48
四重極型分析装置	94
四重極質量分析計	49

ら

ライダー	10
臨界値	39
レアメタル	6, 10

数字・欧文

2連	26
AAS	41
accuracy	68
ACS	37
amount-of substance concentration	121

索　引

amount-of-substance fraction	120	ISO	39, 64, 65
azeotropic mixcure, azeotrope	128	ISO/IEC Guide 98	66
Aタイプ	88	ISO/IEC Guide 99	66
B 0155	75	IUPAC	37, 65
bias	68	IUPAP	65
BIPM	65	JCGM	66
British Chemical Standards	24	JIS K 0211	33, 67
Bタイプ	89	JIS Z 8103	67
C 1002	75	JIS Z 8401	18
CBM	128	JIS規格	65
CGPM	7	limit of guarantee of purity	39
constant boiling mixture	128	limit of identification	39
critical value	39	LOD	33
decision limit	39	LOQ	33
detection limit	39	mass fraction	120
determination limit	39	maximum limit of determination	54
dispersion	68	molality	122
Dixonの検定	58	molarity	121
DL	40	Monte Carlo法	59
dynamic range	54	OIML	65
EA	66	per mill	120
EPA	55	percent	120
false negative	39	PMP樹脂	107
false positive	39	PP樹脂	107
fraction	119	precision	68
Gaussian	54	Q 0030	73
Grubbsの検定	58	Q 0033	73
GUM	66	reliability	67
Hampelの検定	59	repeatability	69
ICP-AES	41	reproducibility	69
ICP質量分析	49	Shapiro-Wilkテスト	55
ICP発光分析	46	SI	7
ICP発光分析法	41	SI基本単位	7
ICP発光分析法	94	S/N比	42
IEC	65	solid solution	118
IFCC	66	solute	119
ILAC	66	solution	118
International Electrotechnical Commission	64	solvent	119
		t-分布	56

索　引

trueness	68	VIM	65
UA	66	volume fraction	120
uncertainty	65	z スコア	91

著者略歴

上本　道久 (うえもと　みちひさ)

明星大学理工学部総合理工学科環境科学系，大学院理工学研究科環境システム学専攻教授

1980年　東京農工大農学部環境保護学科卒業
1982年　同大学院農学研究科環境保護学専攻修士課程修了
1985年　学習院大学大学院自然科学研究科化学専攻博士後期課程修了，理学博士
1985～1987年　理化学研究所博士研究員，学習院大学理学部助手
1987～2017年　地方独立行政法人東京都立産業技術研究センター（旧東京都立工業技術センター）
2011～2016年　同研究センター城南支所長・城南地域中小企業振興センター長
2017年より現職
東京農工大学，首都大学東京，東京理科大学，東京芸術大学，山梨大学，明治大学，京都大学で非常勤講師を歴任

専門：原子スペクトル分析・原子質量分析を主とする無機分析化学，分析法のJISおよびISO標準化

所属学協会：日本分析化学会，日本化学会，日本鉄鋼協会，日本溶接協会，日本マグネシウム協会，廃棄物資源循環学会，プラズマ分光分析研究会

著書：「分析化学の基本操作　―器具選び・試料処理・データ整理―」，丸善出版，2024年8月
Data Evaluation. in Encyclopedia of Analytical Chemistry: Applications, Theory, and Instrumentation, Chemometrics, John Wiley & Sons. 2018年9月（分担）.
「現場で役立つ化学分析の基礎第2版」，オーム社，2015年5月（分担）
「化学便覧　応用編　改訂7版」，丸善出版，2014年1月（分担）
「環境分析　分析化学実技シリーズ　応用分析編6」，共立出版，2012年3月（分担）
「分析化学便覧　改訂6版」，丸善出版，2011年9月（編集・分担）
「分析化学における測定値の正しい取り扱い方」，日刊工業新聞社，2011年3月
Instrumental Chemical Analysis of Magnesium and Magnesium Alloys, in Magnesium Alloys - Corrosion and Surface Treatments, In Tech Open, 2011年1月（分担）
「ICP発光分析・ICP質量分析の基礎と実際　―装置を使いこなすために―」，オーム社，2008年5月（監修・分担）

分析化学における
測定値の正しい取り扱い方　　　　　　　　　NDC 433

2011 年 3 月 30 日　初版 1 刷発行　　（定価はカバーに
2025 年 3 月 7 日　初版 15 刷発行　　　表示してあります）

　　　　　　　ⓒ著　　者　　上　本　道　久
　　　　　　　　発行者　　井　水　治　博
　　　　　　　　発行所　　日刊工業新聞社

〒103-8548　東京都中央区日本橋小網町 14-1
電話　書籍編集部　03（5644）7490
　　　販売・管理部　03（5644）7403
　　　　F A X　　　03（5644）7400
振替口座　00190-2-186076
U R L　https://pub.nikkan.co.jp/
e mail　info_shuppan@nikkan.tech

製　　作　　㈱日刊工業出版プロダクション
印刷・製本　　新　日　本　印　刷　㈱（POD5）

落丁・乱丁本はお取り替えいたします。　　　2011 Printed in Japan
ISBN 978-4-526-06666-5　C 3043
本書の無断複写は、著作権法上での例外を除き、禁じられています。

日刊工業新聞社の好評図書

分析化学における測定値の信頼性
考え方と記載方法

「分析化学における測定値の正しい取り扱い方」の続編
現場において**信頼性の高い数値**を提示するための手法を解説

上本 道久　著
定価（本体2,200円＋税）
A5判 160ページ
978-4-526-07069-3